U0084833

100道 常備調理包快速上桌

一包一餐 × 多樣組合 即食調理包，讓您隨時上菜、吃到美味又安心！

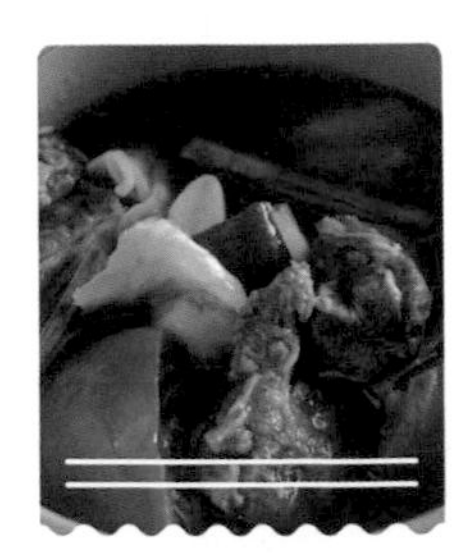

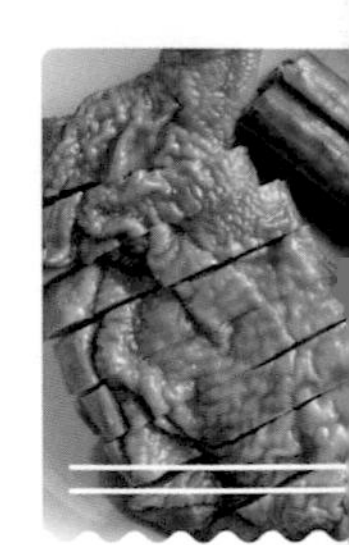

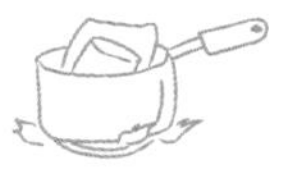

營養美味調理包輕鬆出餐

許副教授志滄在擔任教職之前，已是餐飲界的尖兵，擁有豐富的廚藝與競賽經驗。他雖粵菜廚藝出身，但緣於對料理的熱情及自我要求，挑戰與創新成為他的核心價值，在業界兢兢業業、努力不懈，因此在各式中菜、台菜、原住民及跨國等料理，都有出色的表現與成績。

現今社會生活忙碌，如何在周間緊湊的步調中，延續美味自製佳餚的快速上桌呢？藉志滄老師這本《100道常備調理包快速上桌》的指引，可避免食安疑慮又經濟，精心準備各國料理，從食材的挑選與製作成真空調理包，到如何解凍仍保持新鮮、美味、營養不流失的技巧，本書有著詳細的解說及圖示，讓即使是初學者也可輕鬆入手，化身營養美味出餐的好手。相信許副教授這本書一定能帶給餐飲科系學生及讀者學習到美味如何快速上桌的訣竅，在新書即將付梓之際，樂為之序！

南開科技大學董事長 吝繼業

一本後疫情時代的烹調祕密武器

有人說：「智者能看的比平常人遠」、「仁者能看的比平常人廣」。在宅經濟當道的當下，能夠以冷凍調理包做為食譜主軸，的確是餐飲界的智者；無論是個人、居家或是業者，兼顧大眾的喜好，考量製作的需要，怎麼不是位仁者呢！

細看許師傅的綱要，真的拍案叫絕，能夠洞察到平常人的需求，將原本平淡的食譜變成了「教戰守冊」，尤其在後疫情時代順應天時、地利、人和，更是一本家家必備、人人必讀的經典。讀者可以透過書中的食譜，製作出各式美味的料理，然後用冷凍的方法加以保存，不論是留著分次慢慢吃，或是轉贈親朋好友當成伴手禮，都非常恰當；甚至舉一反三變換書中的食譜，把原本的100道料理變化出200、300、400、500道……，然後運用冷凍的技巧，讓自己成為電商小網紅，生意從身邊的近悅遠來擴充到無遠弗屆。期待許師傅的大作能夠暢銷，更期待讀者能夠從中受惠！

美食節目製作人 侯志方

親手做調理包 Eat 情大翻轉

一波又一波的疫情改變了許多人的生活模式，不再當「老外」，變成回家動手做、在家吃最安心！但下廚時，面臨廚藝、時間、體力、耐力……，這些考驗才真正開始！各式調理包應運而生，不僅是市面上的寵兒，也成為許多人家裡的必備食物，但市售調理包口味都能滿足味蕾嗎？價格花費的考量？冷凍調理包宅配費又非常高，而自行採買帶回家，往往是舉「重」維艱，這都是市售調理包讓人吃不消的原因啊！所以有沒有機會讓「Eat情大翻轉」，何不親手做冷凍調理包呢？

能不能精準烹調，味道一次做到位？甚至還可以量化分裝，讓冷凍庫隨時能「備」好糧食，並且「袋」來美味的需求，這正是許志滄老師這本大作可以和大家分享的祕密。有了這本超級實用的料理寶典，從備料、製作到如何保存，每個細節條列清楚的文字說明及完整的實演步驟圖解，照著做就對了，想變成冷凍調理包達人嗎？此書怎能錯過！

知名主持人 楊平

送禮良伴露營方便的冷凍調理包食譜

許志滄主廚的廚藝不只在學術作育英才，還常常和學生一起出國比賽為國爭光，為人誠懇，而且是廚藝界的冷面笑匠，並受到許多學員的愛戴及追隨，只要是老師的活動常常座無虛席，因為老師總是傾囊相授從不藏私，多年來已累積超多追隨者，更是人氣作家。

繼《宅經濟當道的外送人氣小廚秘笈》幫助許多人成功開創新事業後，主廚許志滄又開發膾炙人口100道冷凍調理包，本書《100道常備調理包快速上桌》食譜內每袋料理重量均標準化，以及提供各種加熱方法、附步驟圖文操作，老師還將自己終身的廚藝經驗化為TIPS小叮嚀等等。相信即使是新手也容易上手，而且還可以將這本冷凍調理包食譜當成家用常備菜，天天都可以高枕無憂，也能當成送禮良伴，帶去露營也太方便了。值得珍藏的工具書，趕快收藏，真心推薦！

瑞康屋執行長 蔡肇舒

居家防疫與上班族的最佳調理包

憑藉著多年製作真空調理包的實戰經驗以及食用者的反饋及改良下，對於食材的保存及挑選上有了更多的經驗與專業。在疫情衝擊的當下，調理包已是飲食主流，希望本書能夠帶給大家實質上的受益與菜餚參考。

從業界轉入教育界已十多年的時間，期間參加電視節目錄影、瑞康屋的教學展演，更清楚一般家庭對於下廚烹調非追求做出大菜，而是利用方便取得的食材料理出簡單又有溫暖的好菜。每天煩惱吃什麼的您、忙碌的上班族、雙薪家庭、一個人住、單身貴族、想下廚的料理新手、兼顧健康與美味的掌廚者，這本書適合您細細品味。

本書為您從介紹食材挑選、烹調、裝盛熟食之包材挑選，以及在解凍技巧多了實用的資訊，並教各位烹調100道適合直接食用或做成調理包的佳餚，包含：70道肉類、海鮮、蔬食、蛋豆類及湯品的「常備美味即食調理包」，30道麵食、米食及輕食的「一包一餐方便調理包」。精選中、西、台、日、韓、東南亞各國料理，短時間加熱即可享用美味佳餚，也能減少天天下廚、高溫大火快炒次數，和再次清洗許多鍋碗瓢盆的麻煩。

居家防疫期間更適合每個人為自己或家人端上香噴噴的料理，下班和放學後可快速開飯。祝福各位於製作調理包的過程更流暢，宅在家也不需擔心缺乏靈感變化菜色，更能吃得健康、營養均衡，一起增強抵抗力！

南開科技大學餐飲管理系副教授 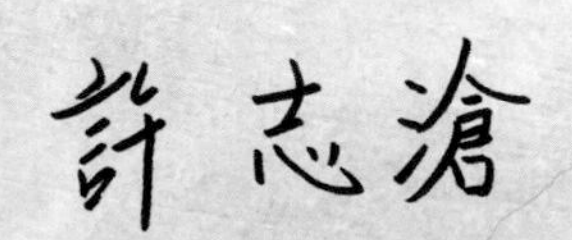

Contents 目錄

TIPS

秤量換算法

▷公克＝g．1 公斤＝1000g

▷1 台斤＝16 兩＝600g．1 兩＝37.5g

貼心叮嚀

▷所有食材切割或烹調前需洗淨並瀝乾，故作法中不贅述洗淨過程。

▷材料表的香料（例如：巴西里、迷迭香、香茅等）若未標示「新鮮」，即是乾燥品。例如：乾燥巴西里 2g 可換成新鮮品約 10g。

Contents 目錄

Chapter 2 常備美味即食調理包

▶ 肉類

▶ 海鮮

▶ 蔬食

▶ 蛋豆類

▸ 湯品

Chapter 3 一包一餐方便調理包

▸ 麵食

▸ 米飯

▸ 輕食

Chapter 1

調理包概念和保存加熱

從食材處理、烹調到保存及加熱法，
讓您輕鬆下廚，
不必煩惱每餐吃什麼？

調理包是飲食生活好幫手

對於忙碌的上班族，下班後花最短的時間準備，就能立即端出熱騰騰的料理，這是最開心的事！尤以自製調理包最方便，更是全球疫情衝擊當下、一人居住外地、雙薪家庭或為孩子快速組合營養均衡的便當菜之最佳飲食選擇，甚至家人也會覺得很方便，可以自行加熱而減少外食的困擾。

早期稱為家庭取代餐

調理包、料理即食包又稱為家庭取代餐，「家庭取代餐」概念最早來自美國，意指由餐廳或食品業者預先製作好的美味又新鮮的外賣飯菜或即食食品給消費者，後來延伸到量販店、超商、超市等，皆能看到許多可立即食用的冷食或短時間加熱的冷凍調理包、常溫調理包，這些都屬於家庭取代餐。

常備調理包好處多多

調理包是飲食生活的好幫手，利用假日一次準備主食、配菜、湯品等，烹調後放涼再分裝成一袋一袋的調理包，真空狀態可以防止微生物生長及氧化等，進而延長食材的保鮮期，分裝的技巧建議是一餐份量，食用多少取多少袋數，避免食材退冰後吃不完再放入冷凍的窘境。

放涼後依需要量分裝成調理包。

自由組合喜歡的料理，形成繽紛美味的便當。

減少採買食材的次數

只要家裡的冷凍庫夠大，一次可烹調較多量後分裝保存，在採購食材上也方便許多，能減少到市場或超市的次數。

家用外帶立即加熱食用

下班後從冰箱取出調理包加熱後盛盤，並撒上少許蔥末、香料粉等增加香氣；或是上班前裝入保冷便當袋，午餐就可以用微波爐或電鍋熱一熱，不僅可安心享用，也能省下外出用餐的時間和金錢。

親手做調理包更安心

製程自己掌握，也可減少許多不必要的添加劑和鈉含量，讓自己和家人吃得更安心健康，因此書中的調理包保存期限以至多冷凍一個月為宜。

自由組合菜色營養更均衡

可依個人喜歡的配料或菜餚種類組合成營養均衡、色彩繽紛的便當菜，或是輪流享用台式風味餐、東南亞風味餐、日式風味餐等，甚至臨時有訪客，也能立即端出多道澎湃的宴客菜。

製作調理包的處理重點

製作冷凍調理包的食材、烹調和保存更顯重要，必須考量後續復熱時不能影響口感和流失營養，以及烹調需要到什麼程度、冷凍或冷藏保存方式等。

適合的蔬菜種類

挑選洋蔥、高麗菜、紅蘿蔔、馬鈴薯、番茄、玉米、竹筍、山藥、豆類、瓜類等為適合，因這類蔬菜耐久煮及後續加熱不失美味及口感；葉菜類較不適合，容易變色並且冷凍後的口感較差，但建議後續加熱食用調理包時，再搭配適量綠葉蔬菜一起加熱。

挑選耐久煮的蔬菜，
適合製作調理包菜餚。

海鮮類先處理

如果買到帶殼的海鮮類，則需先去殼並洗淨，帶殼容易刺破袋子，也可避免殼上的雜質影響食物保鮮品質。

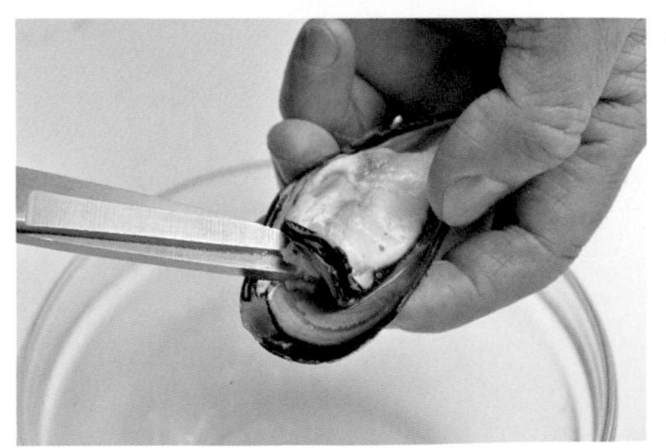

蝦類剪除頭部、
帶殼淡菜必須先去殼。

食材避免煮太軟爛

由於調理包料理烹調後非立即食用，而是放涼後分裝，在等待降溫的過程中，溫度仍會促進食材繼續熟軟，之後從冰箱取出時還會加熱，讓內容物熟成可食。所以在烹調書中菜餚時，請依作法所提供的火候和時間製作，避免煮太久而變得太軟爛而影響食物的咀嚼感。

食材不需煮太軟爛，
避免影響後續加熱的口感。

不建議勾濃芡

需要勾芡的料理以薄芡（即水量比粉量多一些）為宜，可避免因濃芡，讓調理包復熱後因部分水分蒸發而變得乾硬。

調理包疊好後放冰箱保存，
較不易占空間。

完全放涼再分裝

菜餚完全放涼能避免餘溫速凍而破壞食材美味和營養，分裝時可以利用密封保鮮袋裝，較不占冰箱空間，並且將食物攤平及擠出空氣，如此能快速結凍和縮短解凍時間。材質勿選擇太薄，才不容易溢出湯汁，並可在包裝袋上標示菜餚名稱、製作日期和保存日期，避免久凍後忘記是什麼料理、何時製作的菜餚。

攤平整齊擺放

將重量和製作日期接近的調理包整理好，攤平疊放在冰箱的冷凍庫或冷藏室，較不占空間，並且和生食保持適當空間或分層存放，如此才不會沾染到細菌或味道互相影響。

裝盛器具和冷凍保鮮法

裝盛菜餚的袋子和排除袋內空氣的方法，對於製作調理包是很重要的準備步驟。首先需選購耐高溫加熱的袋子，再依方便性決定真空方式，如下示範手動排出空氣法、封口機真空法，袋內務必排出空氣形成真空狀態，才能延長食物保鮮期。

● 冷凍超好用器具

選購袋子上有聚丙烯（Polypropylene，PP）標誌，具耐酸鹼、耐化學物質、耐碰撞、耐高溫100至140℃之特點；或是適合電鍋、瓦斯爐隔水加熱的鋁箔盒（鋁箔材質不宜微波爐加熱），書中「紅醬焗烤通心麵」需要做通心麵、紅醬、起司絲的堆疊步驟，所以挑選鋁箔盒裝盛。若是經濟許可，也可添購一台真空保鮮封口機更為方便，因各家廠牌操作方式略有差異，請依說明書指示操作。

選購有聚丙烯（PP）標誌的袋子。

耐高溫的袋子和眞空保鮮封口機。

選購可達耐高溫加熱100至140°C的袋子。

適合電鍋或瓦斯爐隔水加熱的鋁箔盒。

調理包放入-18°C冷凍庫保存。

冷凍保存訣竅

熟食在冷凍前必須完全冷卻才可裝入袋子密封，再放入冷凍溫度為（-18℃）或更低溫度的空間，如此才能確實冷凍保鮮。熟食勿在-5至-1℃空間停留太久，避免食物腐壞及流失風味。

手動排出空氣法

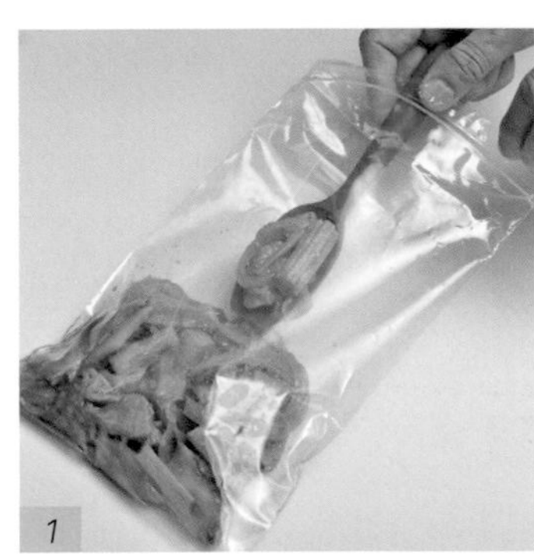

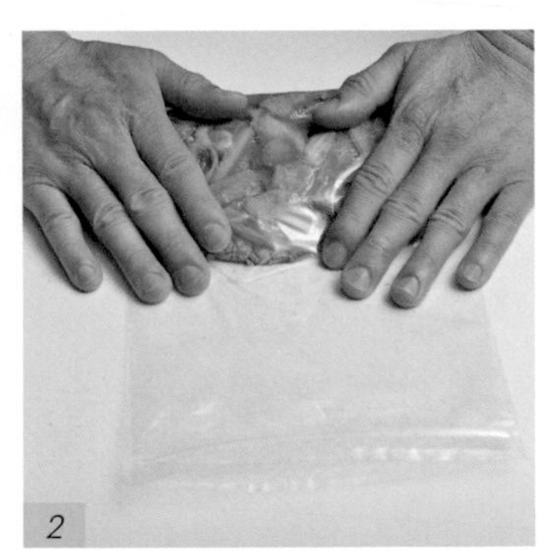

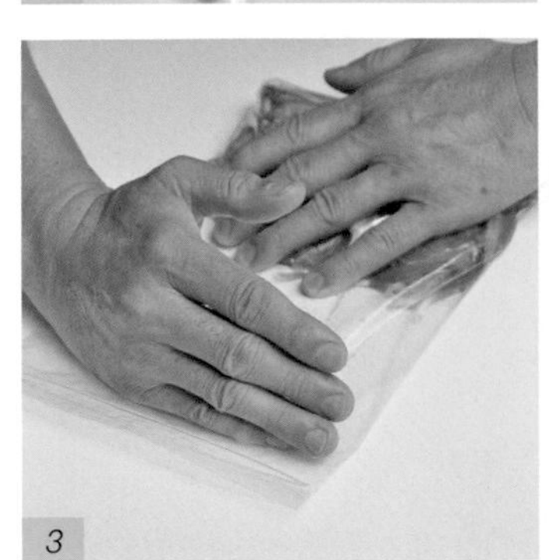

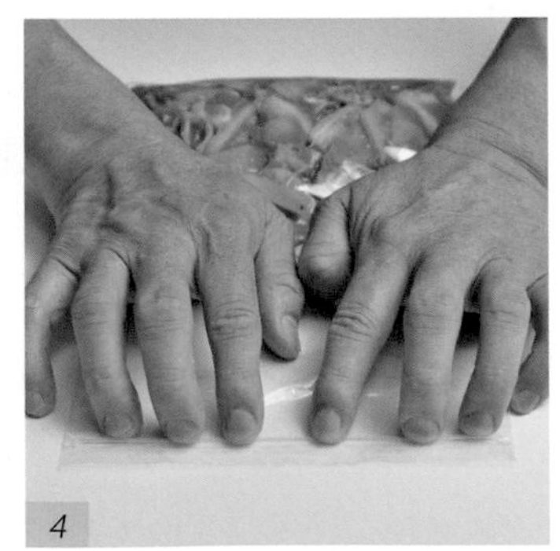

1 裝入袋子

將完全冷卻的料理分裝於耐高溫加熱的夾鍊式袋子。

2 整平食物

將夾鏈袋內的食物整平成均勻的薄片，能加速冷凍效果。

3 排出空氣

一手輕輕壓住食物，另一手將袋內空氣往上按壓及排出。

4 密封保存

用雙手按壓袋口的夾鏈，使袋口完全封合，再放入冰箱冷凍或冷藏保存。

● 封口機真空法

1 裝入袋子

將完全冷卻的料理分裝於耐高溫加熱的袋子，稍微整平食物。

2 放封口處

打開真空機上蓋，將袋子平整放於封口處。

3 按下開關

蓋上真空機上蓋後兩側密合，按下抽真空的開關。

4 密封保存

看到袋子逐漸縮緊，大約5秒鐘即完成真空且袋口密合，打開真空機上蓋，即可放入冰箱冷凍或冷藏保存。

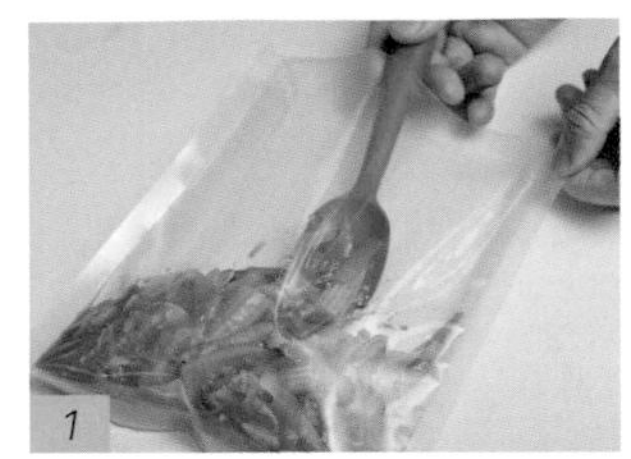
1

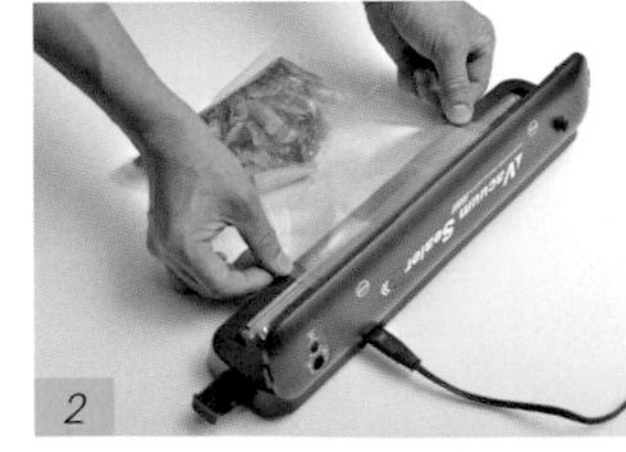

2

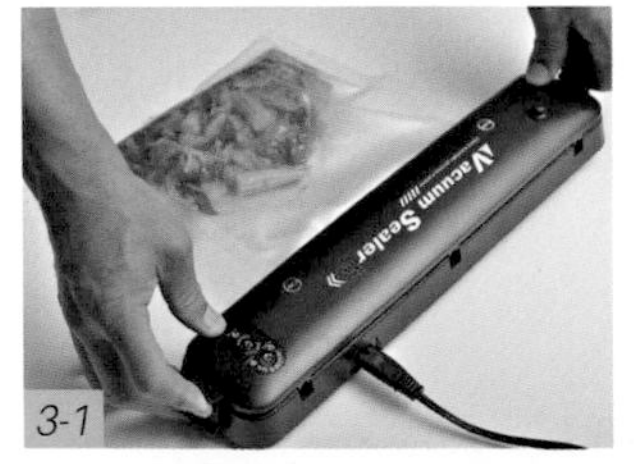

3-1

3-2

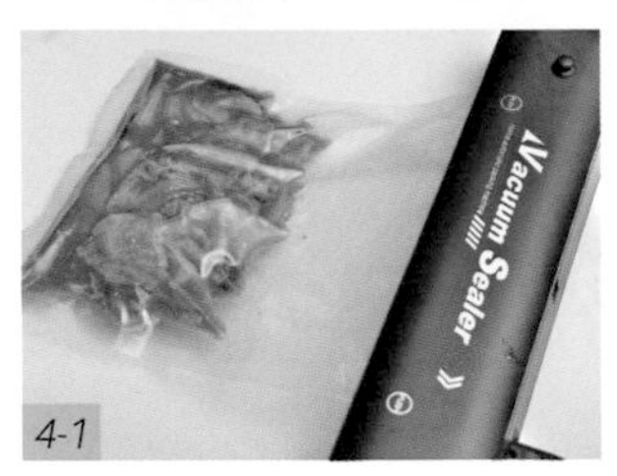

4-1

4-2

學會調理包解凍技巧

調理包的解凍方式多種，若不趕時間，可以前一晚先移到冷藏室自然解凍；若需立即加熱食用的解凍方式有室溫泡水解凍、微波爐解凍；也可以不解凍直接加熱，但加熱時間必須延長。

● 冷藏室解凍

食用的前一晚將冷凍調理包移至冷藏室（0至7℃）解凍，優點是微生物不易孳生、水分流失最少，缺點是解凍時間長。

調理包移至冷藏室解凍。

● 室溫泡水解凍

將密封的調理包泡入一鍋21℃以下的清水解凍約10分鐘，用手摸外包裝時感覺食物軟軟即可，其所需時間相較於冷藏室解凍短。解凍後避免再次放回冰箱凍結，因為室溫解凍的食物會迅速產生細菌。

調理包於室溫泡水解凍。

● 微波爐解凍

按下微波爐的解凍功能鍵，時間快速且方便，缺點是容易受熱不均勻。

調理包透過微波爐解凍。

簡易加熱法餐餐吃美味

最常見的調理包加熱方式有微波爐、電鍋、瓦斯爐，書中每道食譜皆貼心標示適合的加熱方式，可同時搭配加熱時間表，免除重複打開鍋蓋，擔心加熱時間過度或不足的疑慮。

● 微波爐微波加熱

超商微波爐大部分功率為1400W，而家用微波爐則介於700至900W，在微波時可參考書中的加熱時間表（P.17）。若微波時間較長，可採漸進式加溫，即分次微波加熱最適宜。微波前可在真空袋剪開一小角再加熱，如此能使食物受熱更均勻。

家用微波爐功率介於700至900W。

● 傳統電鍋蒸煮法

使用10人份的電鍋，透過外鍋水蒸煮原理加熱，可直接將調理包整袋放入電鍋內鍋，外鍋倒入需要的水量蒸煮；或是用不鏽鋼蒸架隔開，能促進內鍋循環及受熱更均勻。也可等到調理包退冰，剪開調理袋後倒入耐熱容器，再放入電鍋加熱，則外鍋水量可減少原本的1/3量。

外鍋倒入需要的水量蒸煮。

不鏽鋼蒸架隔開使調理包受熱更均勻。

瓦斯爐隔水加熱

隔水加熱是利用水蒸氣的熱度來加熱調理包，避免直接明火加熱溫度太高而難以控制的方法，而且隔水加熱的受熱比較均勻。將整包調理包放入滾水中加熱，加熱中可適當翻動數次，能防止同一個位置加熱太久。

隔水加熱方式的受熱比較均勻。

解凍後加熱時間表

如下為調理包的加熱時間和水量（供參考），可根據調理包重量和食材切割大小，適當增減時間。

種類	200g（含）以下	201～400g	401g以上
微波爐 功率700～900W	1 分鐘	2 分鐘	3 分鐘 30 秒
電鍋 杯為量米杯，約200cc	外鍋水 1/4 杯 （約 5 分鐘）	外鍋水 1/2 杯 （約 10 分鐘）	外鍋水 3/4 杯 （約 15 分鐘）
瓦斯爐 隔水加熱，水量蓋過調理包	水滾後放入調理包， 轉小火煮 6 分鐘。	水滾後放入調理包， 轉小火煮 7 分鐘 30 秒。	水滾後放入調理包， 轉小火煮 8 分鐘 30 秒。

不解凍加熱時間表

如下為調理包的加熱時間和水量（供參考），可根據調理包重量和食材切割大小，適當增減時間。

種類	200g（含）以下	201～400g	401g以上
微波爐 功率700～900W	2 分鐘	3 分鐘 30 秒	6 分鐘
電鍋 杯為量米杯，約200cc	外鍋水 1/2 杯 （約 10 分鐘）	外鍋水 3/4 杯 （約 15 分鐘）	外鍋水 1 杯 （約 20 分鐘）
瓦斯爐 隔水加熱，水量蓋過調理包	水滾後放入調理包， 轉小火煮 7 分鐘 30 秒 。	水滾後放入調理包， 轉小火煮 8 分鐘 30 秒。	水滾後放入調理包， 轉小火煮 10 分鐘。

常備美味 即食調理包

解凍後立即加熱享用，
也可自由組合成營養均衡
的餐點、便當、澎湃宴客菜。

肉類

義式番茄豬肉丸

材料、作法見下一頁

加熱方法

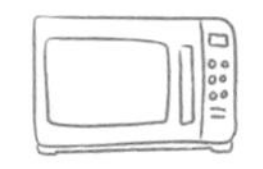
微波爐 OK

電鍋 OK

瓦斯爐 OK

▷ 詳細加熱說明見 P.17

調理包保存

▷ 每袋（520g±10%）可製作 4 袋

▷ 冷凍保存 30 天

材料 INGREDIENTS

食材 A

豬絞肉	600g

食材 B

牛番茄	300g
洋蔥（去皮）	300g
西洋芹	75g
蘑菇	100g

食材 C

小番茄	75g
新鮮巴西里	10g

調味料 A

起司粉	15g
粗粒黑胡椒	5g
雞蛋	50g（1 顆）
玉米粉	50g
麵包粉	15g
鹽	10g
細砂糖	15g
香油	30g
米酒	50g
義大利綜合香料	5g

調味料 B

橄欖油	50g
無鹽奶油	50g

調味料 C

細砂糖	100g
鹽	5g
黑胡椒粉	5g
米酒	50g
義大利綜合香料	5g
匈牙利紅椒粉	15g
番茄醬	200g
水	800g

作法 STEP BY STEP

前置準備

1 豬絞肉放入碗中，加入調味料A拌勻，用虎口擠出圓球，大約16個備用。

2 食材B全部切丁狀；食材C的小番茄切半、巴西里切末，備用。

1-1

1-2

1-3

TIPS

▷ 新鮮巴西里可換成乾燥品約 2g。

▷ 可使用切碎番茄罐頭替代牛番茄。

▷ 豬絞肉每個重量大約 36 至 40g 最適合。

烹調組合

3 橄欖油倒入鍋中加熱，放入肉丸子，轉小火煎至整個肉丸子呈金黃色，盛出備用。

4 無鹽奶油放入另一鍋中加熱至熔化，放入食材B、金黃肉丸子和調味料C。

5 轉小火加熱至香味釋出，再以中火煮滾後，轉小火續煮15分鐘。

6 接著加入切半的小番茄，煮約1分鐘，最後撒上巴西里末，關火待涼。

冷卻分裝

7 義式番茄豬肉丸完全冷卻，再分裝成4袋，封口後放入冰箱冷凍保存。

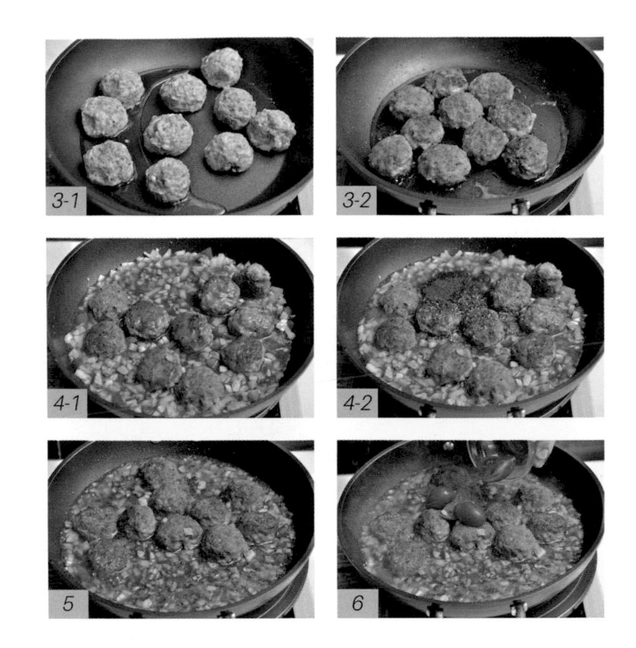

TIPS

- 攪拌豬絞肉時感覺肉質太乾澀，可以加入大約50g的冷開水攪拌，能提升肉丸子的口感。
- 肉丸子可放入以180°C預熱好的烤箱，烤約15分鐘後再放入鍋中進行烹調。
- 肉丸子塑形後可放入玉米水（200g冷水和50g玉米粉拌勻）中均勻沾裹，再放入鍋中煎熟或油炸，口感較紮實。
- 食用時可搭配適量P.110蘑菇鷹嘴豆、P.222紅藜雞肉沙拉、P.158蔬菜巧達湯，以及1碗米飯，即是營養均衡又美味的異國餐點。

肉類

七滋八味口水雞

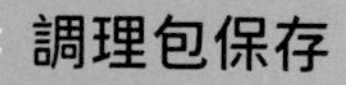

調理包保存

- 每袋口水雞（270g±10%）可製作 4 袋
  每袋醬汁（160g±10%）可製作 4 袋
- 冷凍保存 30 天

材料 INGREDIENTS

食材 A

去骨雞腿 ...... 1100g（4 隻）

食材 B

青蔥 20g
老薑 20g

調味料 A

芝麻醬 100g
白醋 75g
水 150g
醬油膏 112g
香油 75g
細砂糖 60g
紅油辣醬 75g
花椒粉 3g

調味料 B

花椒粒 2g
鹽 15g
米酒 75g
水 2000g

加熱方法

微波爐 NO

電鍋 NO

瓦斯爐 NO

▷ 完全退冰即可食用

作法 STEP BY STEP

前置準備

1 青蔥切段；老薑切片，備用。

2 調味料 A 放入調理機中，攪打均勻即為醬汁。

烹調組合

3 去骨雞腿、青蔥、老薑和調味料B放入鍋中，以大火煮滾。

4 轉小火續煮15分鐘即關火，取出雞腿放入盤中，等待冷卻。

冷卻分裝

5 將冷卻的雞腿裝成4袋，醬汁也裝成4袋，分別封口後放入冰箱冷凍保存。

TIPS

▷口水雞爲冷菜，食用前移至冷藏室退冰，自然解凍後切片。食用時可先鋪適量高麗菜絲於盤中，再擺上切好的雞肉、淋上醬汁，並撒上青蔥末即可。

▷建議搭配適量 P.86 黃金海帶芽、P.92 梅汁番茄、P.94 百香南瓜，即變化出宴客菜中的前菜四品。

▷煮好的雞腿盛盤，可加入蔥絲、紅辣椒絲，淋上適量熱油，做成蔥油雞腿。

▷將酸白菜、五花豬肉片及喜愛的配料加入煮雞腿的高湯中，變成酸菜白肉鍋。

▷醬汁分裝後密封，再放入冰箱冷藏大約保存 7 天、冷凍則保存 30 天。

▷嗜辣者也可試試「紅油辣醬」，這是川菜中很重要的靈魂醬料，常用於涼拌菜色中。作法是取 50g 粗辣椒粉、20g 細辣椒粉、3g 花椒粉放入大碗，淋入 150g 熱油，拌勻即可。

義式烤雞翅

加熱方法

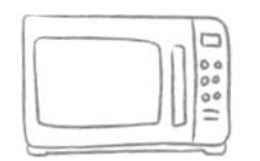
微波爐 OK

電鍋 OK

瓦斯爐 OK

▷ 詳細加熱說明見 P.17

調理包保存

- ▷ 每袋（350g±10%）可製作 4 袋
- ▷ 冷凍保存 30 天

材料 INGREDIENTS

食材 A

三節雞翅 960g（12隻）

食材 B

番茄	250g
洋蔥（去皮）	150g
蒜頭（去皮）	30g
紅蔥頭（去皮）	30g

食材 C

洋蔥（去皮） 600g

醃料

鹽	5g
細砂糖	50g
匈牙利紅椒粉	8g
粗粒黑胡椒	5g
月桂葉	3g
義大利綜合香料	3g
水	250g
醬油	30g
番茄醬	150
香油	50g

調味料

無鹽奶油 50g

TIPS

▹醃雞翅的醬汁亦可使用於其他肉類上。

▹烤雞翅時可刷上少許蜂蜜或 P.27 照燒醬，風味更佳並且色澤亮麗。

▹復熱雞翅後，可撒上適量熟白芝麻、巴西里末、匈牙利紅椒粉，能增加色澤。

▹避免烤盤沾黏醬汁難清洗，可將醃製好的雞翅排入淺盤後放入烤盤，或烤盤先包覆一層錫箔紙後排上雞翅。

▹食用時可搭配適量 P.74 三杯中卷、P.100 奶汁燉蔬菜、P.116 三色蒸蛋，以及 1 碗米飯，即是營養均衡的美味餐點。

作法 STEP BY STEP

前置準備

1 番茄切丁；食材B的洋蔥切丁；蒜頭、紅蔥頭切末；食材C的洋蔥切絲，備用。

2 醃料放入另一個容器，拌勻。

3 將雞翅、醃料和所有食材B拌勻，醃製30分鐘。

烤箱烘烤

4 將洋蔥絲、無鹽奶油、雞翅排入淺盤後放入烤盤。

5 再放入以180℃預熱好的烤箱，烤約15分鐘上色至熟，取出待涼。

冷卻分裝

6 義式烤雞翅完全冷卻，再分裝成 4 袋，封口後放入冰箱冷凍保存。

2

3-1

3-2

3-3

4

5

肉類

照燒雞腿

加熱方法

微波爐 OK　電鍋 OK　瓦斯爐 OK

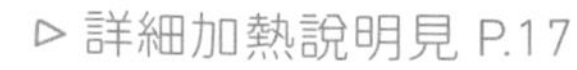
▷ 詳細加熱說明見 P.17

調理包保存

- ▷ 每袋（270g±10%）可製作 4 袋
- ▷ 冷凍保存 30 天

材料 INGREDIENTS

食材

去骨雞腿 ……… 1100g（4隻）
老薑（切片）……… 20g

醃料

醬油 ……… 35g
細砂糖 ……… 20g
鹽 ……… 5g
米酒 ……… 75g
香油 ……… 20g

調味料

米酒 ……… 600g
柴魚片 ……… 15g
麥芽糖 ……… 20g
冰糖 ……… 150g
醬油 ……… 200g

TIPS

▷ 烤雞腿時可用不沾烤盤，底下先鋪適量洋蔥絲、無鹽奶油一起烘烤，味道會更香。

▷ 食用時可搭配適量 P.90 涼拌小黃瓜、P.106 蒜香奶油馬鈴薯，以及 1 碗米飯，即是非常美味的餐點。

▷ 製作照燒醬時，可加入烤過的雞骨架或蘋果切塊一起熬煮，則醬味更豐富。

▷ 煮好的醬汁可取需要量另外倒入小碗，剩餘可等涼後分裝數袋，冷藏可保存約 7 天、冷凍保存約 30 天。

作法 STEP BY STEP

前置準備

1. 去骨雞腿和醃料拌勻，醃製30分鐘備用。
2. 老薑片和所有調味料放入鍋中，以中火煮滾後轉小火，續煮15分鐘，關火。
3. 撈除老薑片、柴魚片，放涼後即為照燒醬。

烤箱烘烤

4. 將醃好的雞腿（雞皮朝上）排入烤盤中，再放入以180℃預熱好的烤箱，烤5分鐘即取出，將雞腿翻面並刷上一層照燒醬，續烤5分鐘。
5. 每2分鐘翻面並刷上一層照燒醬，重複此步驟2次。
6. 最後將皮朝上烤約3分鐘上色至熟，取出待涼。

冷卻分裝

7. 照燒雞腿完全冷卻，再分裝成4袋，封口後放入冰箱冷凍保存。

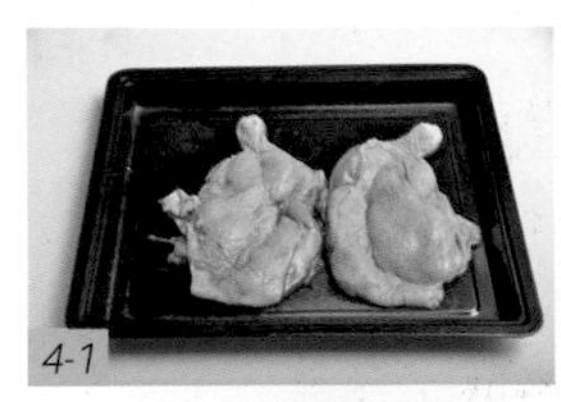
4-1

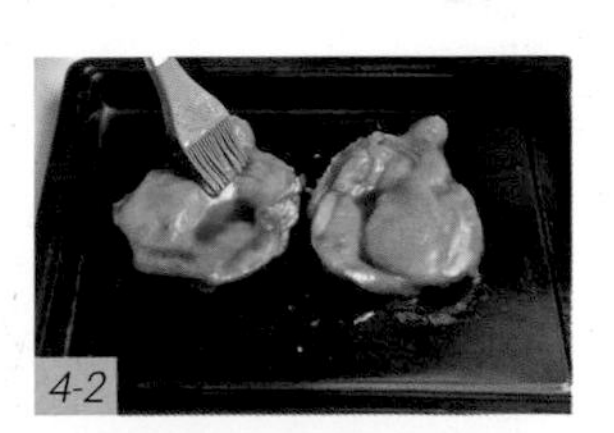
4-2

5

6

7

肉類

日式筑前煮

加熱方法

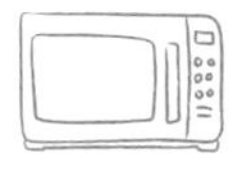

微波爐 OK

電鍋 OK

瓦斯爐 OK

▷ 詳細加熱說明見 P.17

調理包保存

- ▷ 每袋（400g±10%）可製作 4 袋
- ▷ 冷凍保存 30 天

材料 INGREDIENTS

食材 A

去骨雞腿 850g
毛豆仁 50g

食材 B

乾香菇 38g
牛蒡（去皮）100g
紅蘿蔔（去皮）300g
蓮藕（去皮）150g
蒟蒻圈 200g

調味料 A

橄欖油 50g
香油 30g

調味料 B

醬油 100g
味醂 150g
水 600g
米酒 100g
細砂糖 75g
醬油膏 50g
鹽 5g

TIPS

▷ 牛蒡、紅蘿蔔、蓮藕一定要先煮熟後，再加入煎好的雞肉，才不會影響口感。

▷ 食材中也可加入根莖類的食材，例如：白蘿蔔、竹筍、芋頭、山藥等。

▷ 食用時可搭配適量 P.56 紫蘇烤香魚、P.80 和風涼拌干貝、P.120 玉子燒，以及 1 碗米飯，即成美味的日式餐點。

作法 STEP BY STEP

前置準備

1 去骨雞腿切小塊；乾香菇泡水至軟；牛蒡、紅蘿蔔切小塊；蓮藕切片，備用。

烹調組合

2 鍋中倒入橄欖油加熱，將雞腿放入鍋中（雞皮朝下），以小火煎成金黃色，取出備用。

3 食材B放入作法2鍋中， 利用鍋中煎雞肉的油脂以小火炒香。

4 再倒入調味料Ｂ，轉中火煮滾後轉小火，續煮約15分鐘。

5 接著加入煎好的雞肉塊、毛豆仁，快速炒勻，蓋上鍋蓋燜煮約2分鐘，起鍋前淋入香油，關火待涼。

冷卻分裝

6 日式筑前煮完全冷卻，再分裝成4袋，封口後放入冰箱冷凍保存。

肉類

紹興醉雞

加熱方法

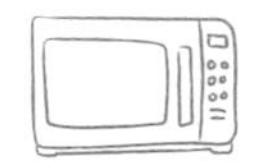

微波爐 NO

電鍋 NO

瓦斯爐 NO

▷ 完全退冰即可食用

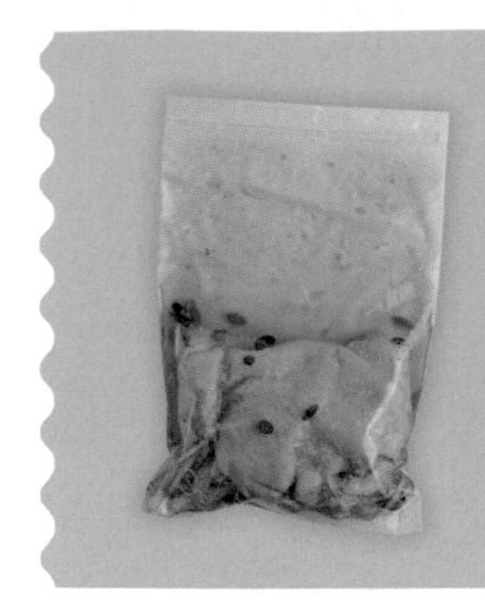

調理包保存

▷ 每袋（450g±10%）可製作 4 袋

▷ 冷凍保存 30 天

材料 INGREDIENTS

食材 A

去骨土雞腿 ……… 2000g

食材 B

老薑（切片）……… 30g

水 ……… 3000g

調味料 A

人參鬚 ……… 38g

當歸片 ……… 38g

川芎 ……… 10g

桂枝 ……… 10g

甘草片 ……… 5g

調味料 B

鹽 ……… 55g

冰糖 ……… 38g

調味料 C

紹興酒 ……… 600g

花雕酒 ……… 600g

枸杞 ……… 5g

作法 STEP BY STEP

烹調浸泡

1. 去骨土雞腿放入鍋中，加入食材 B。
2. 以中火煮滾後轉小火，續煮 15 分鐘即關火，取出土雞腿，留 1800g 高湯備用。
3. 調味料A、1800g高湯倒入另一鍋中，以中火煮滾後轉小火，加入調味料B煮至溶解，即成藥膳汁。
4. 藥膳汁完全放涼，加入調味料C、煮熟的土雞腿，冷藏浸泡1天入味。

分裝保存

5. 將浸泡入味的土雞腿分裝成 4 袋，封口後放入冰箱冷凍保存。

TIPS

▷ 醉雞爲冷菜，食用前放入冰箱冷藏室退冰，自然解凍後即可切片食用。

▷ 藥膳汁一定要完全淹過土雞腿，如此浸泡的雞肉才會均勻入味。

▷ 煮好的藥膳汁若有多出來，則可分裝後密封，再放入冰箱冷藏約 4 天、冷凍可保存 30 天。

肉類

椰奶南瓜雞

加熱方法

微波爐 OK

電鍋 OK

瓦斯爐 OK

▷ 詳細加熱說明見 P.17

調理包保存

- ▷ 每袋（850g±10%）可製作 4 袋
- ▷ 冷凍保存 30 天

材料 INGREDIENTS

食材 A

去骨雞腿	850g
小黃瓜	180g

食材 B

南瓜（帶皮）	450g
洋蔥（去皮）	350g
紅蘿蔔（去皮）	300g
杏鮑菇	200g
蒜頭（去皮）	30g
紅蔥頭（去皮）	30g
紅辣椒	20g
老薑	20g

調味料 A

橄欖油	50g

調味料 B

月桂葉	5g
水	1000g

調味料 C

鹽	5g
細砂糖	20g
蠔油	50g
白胡椒粉	3g
魚露	15g
米酒	30g

調味料 D

椰漿	300g
鮮奶	150g
無鹽奶油	50g

TIPS

▷ 去骨雞腿也可使用棒棒腿或土雞腿替代，烹調時間需增加 15 分鐘燜煮。

▷ 起鍋前加入無鹽奶油，可讓整道料理的味道更香濃。

▷ 食用時可搭配適量 P.78 泰式涼拌花枝、P.122 麻婆豆腐，以及 1 碗米飯，即爲非常美味的餐點。

作法 STEP BY STEP

前置準備

1. 去骨雞腿切小塊；小黃瓜、南瓜、洋蔥、紅蘿蔔、杏鮑菇全部切小塊，備用。
2. 蒜頭、紅蔥頭、紅辣椒、老薑全部切片。

烹調組合

3. 鍋中倒入橄欖油加熱，將雞腿放入鍋中（雞皮朝下），以小火煎成金黃色，取出備用。
4. 食材B放入作法3鍋中，利用鍋中煎雞肉的油脂以小火炒香。
5. 調味料B加入作法4中，轉中火煮滾，再加入調味料C煮滾，轉小火續煮15分鐘。
6. 接著加入煎好的雞肉塊、調味料D和小黃瓜，蓋上鍋蓋燜煮約2分鐘至熟，關火待涼。

冷卻分裝

7. 椰奶南瓜雞完全冷卻，再分裝成4袋，封口後放入冰箱冷凍保存。

3-1

3-2

4

5

6-1

6-2

肉類

泰式打拋肉

加熱方法

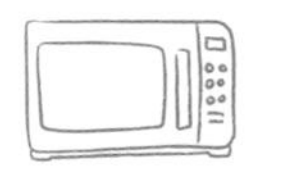

微波爐 OK　電鍋 OK　瓦斯爐 OK

▷ 詳細加熱說明見 P.17

調理包保存

▷ 每袋（375g±10%）可製作 4 袋

▷ 冷凍保存 30 天

材料 INGREDIENTS

食材 A

豬絞肉	900g

食材 B

小番茄	400g
蒜頭（去皮）	50g
紅蔥頭（去皮）	50g
紅辣椒	90g
朝天椒	5g
四季豆	150g
九層塔	50g

調味料 A

橄欖油	50g
檸檬汁	75g

調味料 B

醬油	35g
蠔油	35g
魚露	30g
米酒	50g
細砂糖	75g
泰式燒雞醬	100g
番茄醬	50g
白胡椒粉	5g
粗粒辣椒粉	5g

作法 STEP BY STEP

前置準備

1 小番茄切半；蒜頭、紅蔥頭切末；紅辣椒、朝天椒切成圈狀；四季豆切小丁，備用。

2 所有調味料 B 倒入大碗中，拌匀成打拋醬。

烹調組合

3 橄欖油倒入鍋中加熱，以大火炒香豬絞肉至熟，再加入作法1全部食材，拌炒均匀。

4 接著加入打拋醬炒匀至香氣出來，起鍋前加入檸檬汁、九層塔即可。

冷卻分裝

5 泰式打拋肉完全冷卻，再分裝成 4 袋，封口後放入冰箱冷凍保存。

TIPS

▷ 炒豬肉時必須開大火快炒，比較能炒出香氣及鍋氣。

▷ 豬肉肥瘦比例大約是肥肉 2：瘦肉 8，如此拌炒時較能釋放豬肉香氣。

▷ 食用時可搭配適量 P.61 泰式魚餅、P.88 酸辣青木瓜、P.148 泰式酸辣海鮮湯，以及 1 碗米飯，即成美味的泰國風味餐點。

肉類

瓜仔蒸肉餅

加熱方法

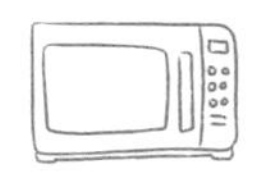

微波爐 OK

電鍋 OK

瓦斯爐 OK

▷ 詳細加熱說明見 P.17

調理包保存

▷ 每袋(250g±10%)可製作 4 袋

▷ 冷凍保存 30 天

材料 INGREDIENTS

食材 A

豬絞肉	800g

食材 B

老薑	30g
青蔥	5g
蒜頭(去皮)	15g

調味料 A

脆瓜(罐頭)	100g
蔭瓜(罐頭)	30g

調味料 B

鹽	5g
細砂糖	20g
白胡椒粉	1g
紹興酒	50g
水	50g
玉米粉	50g
香油	30g

作法 STEP BY STEP

前置準備

1 食材 B 全部切末;脆瓜、蔭瓜切末,備用。

2 豬絞肉和切末的食材 A 拌勻後,再和脆瓜末、蔭瓜末、調味料 B 拌勻,即為瓜仔肉。

電鍋烹調

3 將拌好的瓜仔肉倒入容器中,再放入電鍋,外鍋加入1量米杯水,蒸至開關跳起,取出待涼。

冷卻分裝

4 瓜仔蒸肉餅完全冷卻,再分裝成4袋,封口後放入冰箱冷凍保存。

TIPS

▷製作瓜仔肉時,可加入少許醬瓜汁,能提升香氣和減少鹽的用量。

▷調理包加熱後盛盤,可加入少許青蔥末、香菜點綴及增加香氣。

▷食用時可搭配適量 P.74 三杯中卷、P.90 涼拌小黃瓜、P.136 香菇雞湯,以及 1 碗米飯,即成美味的台灣味餐點。

肉類

傳香滷肉燥

加熱方法

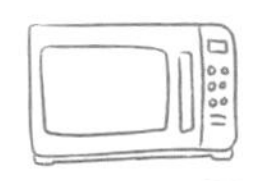
微波爐 OK

電鍋 OK

瓦斯爐 OK

▷ 詳細加熱說明見 P.17

調理包保存

▷ 每袋（550g±10%）可製作 4 袋

▷ 冷凍保存 30 天

材料 INGREDIENTS

食材 A

豬絞肉 800g
豬皮丁 200g

食材 B

紅蔥頭（去皮）........ 100g
乾香菇 75g

調味料 A

橄欖油 75g

調味料 B

醬油 180g
米酒 600g
細砂糖 50g
水 900g
紅蔥醬 100g
白胡椒粉 1g
五香粉 1g

作法 STEP BY STEP

前置準備

1 紅蔥頭切片；香菇泡水軟後切絲，備用。

電鍋烹調

2 橄欖油倒入鍋中加熱，加入食材 A，以小火炒香，再加入紅蔥頭片炒香。

3 接著加入香菇絲和調味料B，拌炒均勻，轉中火煮滾後轉小火，續煮1小時至收汁，關火待涼。

冷卻分裝

4 傳香滷肉燥完全冷卻，再分裝成4袋，封口後放入冰箱冷凍保存。

TIPS

▷ 滷肉燥的豬絞肉肥瘦比例約肥肉 3：瘦肉 7 最適宜。

▷ 豬絞肉勿絞得太細，能避免滷製過程糊化而影響口感。

▷ 豬絞肉也可使用豬五花肉絲替代。

▷ 使用壓力鍋滷製更方便又省時，大約 8 分鐘即完成。

▷ 食用時可搭配適量 P.54 酸甜糖醋魚、P.130 金沙苦瓜、P.138 四神軟骨湯，以及 1 碗米飯，即成美味的台式餐點。

肉類

豉汁蒸排骨

加熱方法

微波爐 OK

電鍋 OK

瓦斯爐 OK

▷ 詳細加熱說明見 P.17

調理包保存

▷ 每袋（320g±10%）可製作 4 袋

▷ 冷凍保存 30 天

材料 INGREDIENTS

食材 A

豬小排	1200g

食材 B

蒜頭（去皮）	20g
老薑	20g
紅辣椒	15g

醃料

鹽	5g
醬油	25g
細砂糖	40g
香菇粉	3g
米酒	50g
白胡椒粉	3g
沙茶醬	20g
豆豉	30g
玉米粉	40g
香油	30g

作法 STEP BY STEP

前置準備

1 豬小排切成約 3 公分小塊，再放入容器中；蒜頭、老薑切末；紅辣椒切成圈狀，備用。

2 作法 1 切好的食材和所有醃料拌匀，醃製 30 分鐘。

電鍋烹煮

3 將醃製好的豬小排倒入電鍋內鍋，放入電鍋，外鍋加入 1.5 量米杯水，蒸至開關跳起，取出待涼。

冷卻分裝

4 豉汁蒸排骨完全冷卻，再分裝成4袋，封口後放入冰箱冷凍保存。

TIPS

▷ 豬小排切好後放入容器，和大約 5g 鹽拌勻並醃製 30 分鐘，再用細細流水沖洗大約 30 分鐘，可去除血水及腥味，瀝乾後醃製更能入味。

▷ 醃豬小排時可加入少許市售蔥油或蒜油，能增加香氣。

▷ 如果用蒸籠蒸豬小排，則水滾後大火蒸約 30 分鐘即可。

▷ 蒸製時必須將豬小排放平，勿重疊太高，以免受熱不均勻而影響熟成度及口感。

▷ 使用壓力鍋烹調更方便又省時，大約 8 分鐘即完成。

▷ 調理包加熱後盛盤，可加入少許青蔥末點綴及增加香氣。

肉類

花生滷豬腳

加熱方法

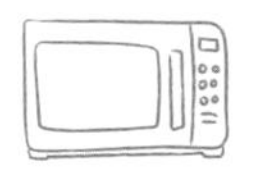
微波爐 OK

電鍋 OK

瓦斯爐 OK

▷ 詳細加熱說明見 P.17

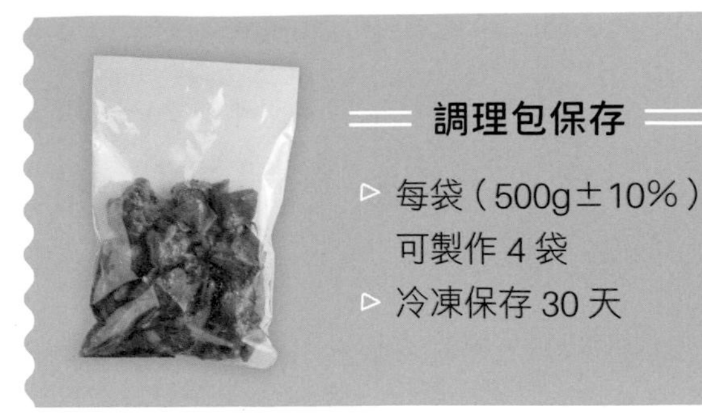

調理包保存

▷ 每袋（500g±10%）可製作 4 袋

▷ 冷凍保存 30 天

材料 INGREDIENTS

食材 A

豬腳	1200g
生花生	300g

食材 B

青蔥	150g
紅辣椒	15g
蒜頭（去皮）	75g
老薑	50g

食材 C

蒜苗	100g

調味料 A

橄欖油	75g
香油	30g

調味料 B

醬油	350g
醬油膏	75g
米酒	300g
水	2000g
冰糖	50g
蔭油	30g

作法 STEP BY STEP

前置準備

1. 生花生泡水3小時後瀝乾，放入容器後移入冰箱冷凍至隔夜。
2. 青蔥、紅辣椒、蒜苗切成斜片；蒜頭拍扁；老薑切片，備用。

烹調組合

3. 橄欖油倒入鍋中加熱，放入食材 B，以小火炒香，再加入豬腳炒香。
4. 接著放入生花生及調味料B，以中火煮滾後轉小火，續煮90分鐘。
5. 最後加入蒜苗、香油煮 1 分鐘，關火待涼。

冷卻分裝

6. 花生滷豬腳完全冷卻，再分裝成4袋，封口後放入冰箱冷凍保存。

TIPS

▷ 豬腳洗淨後可放入滾水，以中火汆燙約 5 分鐘，撈起後放入冰塊水冷卻，浸泡約 30 分鐘，瀝乾再滷可增加口感。

▷ 滷豬腳時可加入八角、月桂葉、桂皮，提升香氣。

▷ 使用壓力鍋滷豬腳更方便又省時，大約 15 分鐘即完成。

▷ 食用時可搭配適量 P.84 韓式泡菜、P.150 冬瓜枸杞魚湯，以及 1 碗米飯，即成美味的餐點。

肉類

紅酒燉牛肉

加熱方法

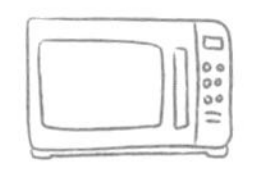

微波爐 OK　電鍋 OK　瓦斯爐 OK

▷ 詳細加熱說明見 P.17

調理包保存

- ▷ 每袋（850g±10%）可製作 4 袋
- ▷ 冷凍保存 30 天

材料 INGREDIENTS

食材 A

牛腩 1000g

食材 B

洋蔥（去皮） 600g
蘑菇 100g
培根 20g
蒜苗 75g
蒜頭（去皮） 30g

食材 C

紅蘿蔔（去皮） 600g
牛番茄 300g

醃料

鹽 5g
粗粒黑胡椒 5g
紅酒 50g
橄欖油 50g
中筋麵粉 100g

調味料 A

橄欖油 100g

調味料 B

紅酒 300g
粗粒黑胡椒 5g
鹽 6g
細砂糖 100g
去皮番茄（罐頭） 400g
番茄糊（罐頭） 75g
水 2000g
香菇粉 4g
醬油 35g

調味料 C

新鮮迷迭香 5g
月桂葉 3g

作法 STEP BY STEP

前置準備

1. 牛腩切成5至7公分塊狀，和醃料拌勻，醃製30分鐘。
2. 食材B的洋蔥、蘑菇切塊；培根、蒜苗切末，備用。
3. 食材C的紅蘿蔔、牛番茄切塊備用。

烹調組合

4. 橄欖油倒入鍋中加熱，放入牛腩，以小火煎香後盛出備用。
5. 全部食材B放入煎完牛腩的鍋中，以小火炒香，再加入食材C、調味料B，以中火煮滾後轉小火。
6. 接著加入迷迭香、月桂葉，續煮90分鐘，關火待涼。

冷卻分裝

7. 紅酒燉牛肉完全冷卻，再分裝成4袋，封口後放入冰箱冷凍保存。

▹ 新鮮迷迭香可換成乾燥品約 1g。

▹ 醃牛腩的醬汁也可加入一起烹調，能增加香氣及濃稠度。

▹ 調味料中的番茄糊可在作法 4 炒牛腩時先炒香，燉出來的牛腩更有香氣。

▹ 牛腩可在加入迷迭香、月桂葉後放入電鍋中，外鍋倒入 2.5 量米杯水，蒸至開關跳起再燜 20 分鐘即可。

▹ 使用壓力鍋滷牛腩時，不需加油及水，大約 12 至 15 分鐘即完成，更能符合健康、快速、節能的效益。

▹ 食用時可搭配適量 P.70 乾煎蝦餅、P.224 糖心蛋野菜沙拉，以及 1 碗米飯，即成爲豐富的餐點。

肉類

泰式咖哩牛肉

加熱方法

微波爐 OK　電鍋 OK　瓦斯爐 OK

▷ 詳細加熱說明見 P.17

調理包保存

▷ 每袋（680g±10%）可製作 4 袋

▷ 冷凍保存 30 天

材料 INGREDIENTS

食材 A

牛腩	800g

食材 B

洋蔥（去皮）	350g
蒜頭（去皮）	20g
紅蔥頭（去皮）	20g
紅辣椒	30g
乾辣椒	5g

食材 C

南瓜（帶皮）	600g
冬瓜（帶皮）	300g
新鮮香茅	20g
檸檬葉	5g

調味料 A

橄欖油	75g
椰漿	300g

調味料 B

紅咖哩醬	150g
細砂糖	75g
魚露	5g
水	1000g

作法 STEP BY STEP

前置準備

1 牛腩切成約 5 公分塊狀。

2 洋蔥、南瓜、冬瓜切約3公分小塊；蒜頭、紅蔥頭、紅辣椒、乾辣椒切片，備用。

烹調組合

3 橄欖油倒入鍋中加熱，以小火煎香牛腩，再放入食材 B，炒香，接著放入食材 C 炒勻。

4 將調味料B加入作法3鍋中，以中火煮滾，轉小火續煮90分鐘，再加入椰漿，續煮5分鐘，關火待涼。

冷卻分裝

5 泰式咖哩牛肉完全冷卻，再分裝成4袋，封口後放入冰箱冷凍保存。

TIPS

▷ 滷牛腩時可加入適量南薑片，增加泰式風味。

▷ 調理包加熱時，可加入適量九層塔點綴及增加香氣。

▷ 使用壓力鍋滷牛腩時，不需加油及水，大約 12 至 15 分鐘即完成，更能符合健康、快速、節能的效益。

肉類

日式牛肉捲

加熱方法

微波爐 OK

電鍋 OK

瓦斯爐 OK

▷ 詳細加熱說明見 P.17

調理包保存

- ▷ 每袋（180g±10%）可製作 4 袋
- ▷ 冷凍保存 30 天

材料 INGREDIENTS

食材 A

金針菇 180g
洋蔥（去皮） 300g
牛肉片 180g

食材 B

中筋麵粉 75g

調味料 A

橄欖油 50g

調味料 B

米酒 75g
醬油 50g
味醂 75g
細砂糖 15g
水 50g
白蘿蔔泥 15g
蘋果泥 15g

TIPS

- ▻ 牛肉片可選市售火鍋牛肉片或牛五花肉片。
- ▻ 牛肉片如果太薄，可以將 2 片重疊好再捲入金針菇。
- ▻ 加入調味料 B 後，烹調勿煮太久，以免味道太鹹。
- ▻ 作法 5 烹調時，可以加入泡水軟的冬粉；後續復熱時，可加入適量七味粉和香菜增香。

作法 STEP BY STEP

前置準備

1. 金針菇切除根部；洋蔥切末，備用。
2. 取1片牛肉片鋪平，撒上少許麵粉，放上適量金針菇後捲起。

烹調組合

3. 橄欖油倒入鍋中加熱，放入捲好的牛肉捲。
4. 以中火煎約1分鐘，再加入洋蔥末，炒香。
5. 接著加入調味料B煮滾，轉小火煮至金針菇軟化及入味，關火待涼。

冷卻分裝

6. 日式牛肉捲完全冷卻，再分裝成 4 袋，封口後放入冰箱冷凍保存。

2-1

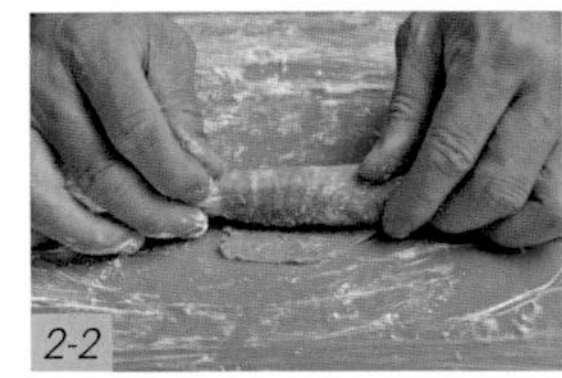
2-2

3

4

5-1

5-2

肉類

洋蔥燒汁牛

加熱方法

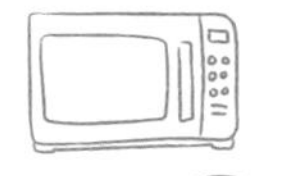
微波爐 OK

電鍋 OK

瓦斯爐 OK

▷ 詳細加熱說明見 P.17

調理包保存

▷ 每袋（400g±10%）可製作 4 袋

▷ 冷凍保存 30 天

材料 INGREDIENTS

食材 A

牛小排	800g

食材 B

蒜頭（去皮）	20g
紅蔥頭（去皮）	20g
洋蔥（去皮）	350g
蘑菇	75g

醃料

鹽	5g
細砂糖	5g
雞蛋	50g（1 顆）
黑胡椒粉	3g
米酒	75g
醬油	10g
香油	30g
玉米粉	20g

調味料 A

烤肉醬	75g
米酒	50g
黑胡椒粉	5g
細砂糖	30g
味醂	50g
醬油	20g
水	150g
香油	20g

調味料 B

橄欖油	50g
無鹽奶油	20g

作法 STEP BY STEP

前置準備

1. 牛小排切約4公分小塊，加入醃料拌勻，醃製30分鐘。
2. 蒜頭、紅蔥頭切末；洋蔥切絲；蘑菇切片，備用。
3. 調味料A倒入容器中拌勻，即為燒汁。

烹調組合

4. 橄欖油倒入鍋中加熱，以中小火煎香牛小排，再加入全部食材 B，炒香。
5. 接著倒入拌勻的燒汁，以中火煮滾後轉小火，續煮1分鐘，再加入奶油煮熔化，關火待涼。

冷卻分裝

6. 洋蔥燒汁牛完全冷卻，再分裝成4袋，封口後放入冰箱冷凍保存。

TIPS

▷ 燒汁可加入蘋果泥，能提升香氣。

▷ 牛小排也可放入以 200°C預熱好的烤箱，烤約 6 分鐘，取出後放入鍋中與燒汁一起烹調。

海鮮

味噌烤魚

加熱方法

微波爐 OK

電鍋 OK

瓦斯爐 OK

▷ 詳細加熱說明見 P.17

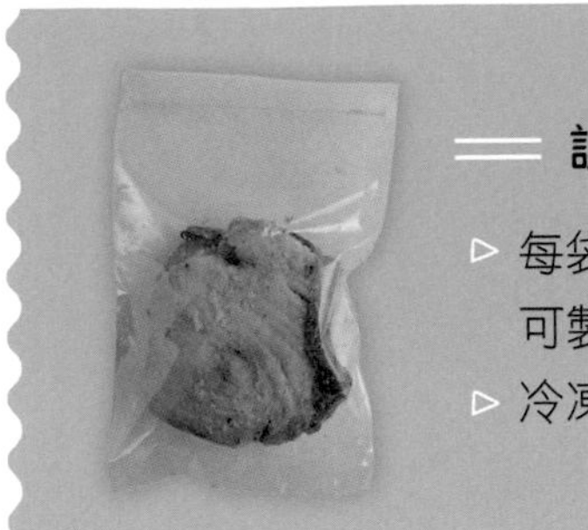

調理包保存

- ▷ 每袋（220g±10%）可製作 4 袋
- ▷ 冷凍保存 30 天

材料 INGREDIENTS

食材

- 旗魚 ……… 800g
- 熟白芝麻 ……… 3g

調味料 A

- 米酒 ……… 200g
- 味醂 ……… 75g
- 味噌 ……… 100g
- 醬油 ……… 10g
- 鹽 ……… 5g
- 細砂糖 ……… 20g
- 白蘿蔔泥 ……… 50g
- 甘草粉 ……… 1g

調味料 B

- 米酒 ……… 75g

作法 STEP BY STEP

前置準備

1. 調味料 A 拌勻調成味噌醬。
2. 旗魚拌入調味料B，醃製約5分鐘，取出時用廚房紙巾擦乾魚片。
3. 將旗魚放入味噌醬中，拌勻醃製 30 分鐘。

烤箱烘烤

4. 將旗魚片放置烤架（底下墊烤盤），放入以180℃預熱好的烤箱，烤約 15 分鐘至熟。
5. 取出烤好的魚片，均勻撒上熟白芝麻，待涼。

冷卻分裝

6. 味噌烤魚完全冷卻，再分裝成4袋，封口後放入冰箱冷凍保存。

TIPS

- ▷ 旗魚可使用油魚替代。
- ▷ 調理包加熱後盛盤，可加入一些青蔥末、壽司薑，並擠上少許金桔汁（或檸檬汁）一起食用更美味。

海鮮

酸甜糖醋魚

加熱方法

微波爐 OK　電鍋 OK　瓦斯爐 OK

▹ 詳細加熱說明見 P.17

調理包保存

- ▹ 每袋（300g±10%）可製作 4 袋
- ▹ 冷凍保存 30 天

材料 INGREDIENTS

食材 A

鯛魚（切片）	600g
洋蔥（去皮）	300g
彩色小番茄	200g

食材 B

中筋麵粉	150g

醃料

鹽	10g
細砂糖	10g
米酒	50g
白胡椒粉	3g
玉米粉	50g
雞蛋	50g（1 顆）
香油	20g

調味料 A

橄欖油	30g

調味料 B

番茄醬	200g
細砂糖	150g
梅子醋	150g
白醋	50g
水	100g
香油	15g

作法 STEP BY STEP

前置準備

1. 鯛魚片加入醃料，拌勻醃製15分鐘，再均勻裹上中筋麵粉。
2. 洋蔥切塊；彩色小番茄對切；調味料B調成糖醋醬，備用。

烹調組合

3. 橄欖油倒入鍋中加熱，放入裹上麵粉的魚片，以中火煎至兩面金黃，盛起。
4. 再放入洋蔥塊炒香，接著加入彩色小番茄、糖醋醬、魚片，拌炒均勻，關火待涼。

冷卻分裝

5. 酸甜糖醋魚完全冷卻，再分裝成4袋，封口後放入冰箱冷凍保存。

TIPS

- ▹ 糖醋醬加入適量梅子醋，可降低醬汁酸度及增加魚料理的香氣。
- ▹ 魚片不宜在鍋中與醬汁拌炒太久，以免魚片糊化而影響口感及品質。
- ▹ 製作酸甜魚片時，建議使用寬口徑的不沾鍋烹調，可使魚片平均受熱且顏色較均勻。

海鮮

紫蘇烤香魚

加熱方法

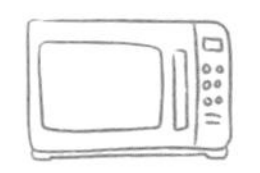
微波爐 OK

電鍋 OK

瓦斯爐 OK

▷ 詳細加熱說明見 P.17

調理包保存

- ▷ 每袋（450g±10%）可製作 4 袋
- ▷ 冷凍保存 30 天

材料 INGREDIENTS

食材 A

香魚……1000g
乾紫蘇葉……10g

食材 B

白蘿蔔（去皮）……150g
牛蒡（去皮）……75g
老薑……30g

調味料

醬油……120g
二砂糖……120g
味醂……120g
白醋……50g
水……800g
紫蘇梅……150g

TIPS

▷烤香魚時可以在魚身和尾巴抹上少許鹽，能防止烤焦。

▷烤過的魚肉呈現微乾狀態，較能吸收醬汁，可使魚肉更加入味。

▷煮香魚時，鍋底可放入網架或青蔥、新鮮竹葉，比較能防止香魚烤焦。

▷作法 5 用壓力鍋烹煮更方便又省時，大約 15 分鐘即完成。

作法 STEP BY STEP

前置準備

1 香魚去除魚鱗後洗淨，用廚房紙巾擦乾水分，再放於烤架（底下墊烤盤）。

2 白蘿蔔、牛蒡切約2公分小塊；老薑切片；乾紫蘇葉裝入滷包袋中，備用。

烹調組合

3 香魚放入以 200℃預熱好的烤箱，烤約 30 分鐘，每隔 15 分鐘翻面一次。

4 將食材B放入鍋中，再放入烤好的香魚、所有調味料和紫蘇葉滷包袋。

5 以中火煮滾後轉小火，蓋上鍋蓋煮約 90分鐘入味，每隔30分鐘翻面一次。

冷卻分裝

6 紫蘇烤香魚完全冷卻，再分裝成 4 袋，封口後放入冰箱冷凍保存。

1

3-1

3-2

4-1

4-2

4-3

5-1

5-2

海鮮

地中海水煮魚

加熱方法

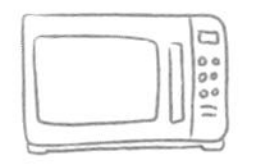

微波爐 OK　電鍋 OK　瓦斯爐 OK

▷ 詳細加熱說明見 P.17

調理包保存

▷ 每袋（480g±10%）可製作 4 袋

▷ 冷凍保存 30 天

材料 INGREDIENTS

食材 A

鱸魚菲力（切片）…… 800g

食材 B

洋蔥（去皮）…… 300g
蘑菇 …… 100g
蒜頭（去皮）…… 30g

食材 C

西洋芹 …… 100g
蒜苗 …… 75g
酸白菜 …… 75g
小番茄 …… 150g
酸豆 …… 30g

醃料

鹽 …… 5g
白胡椒粉 …… 1g
白酒 …… 30g
中筋麵粉 …… 50g

調味料 A

橄欖油 …… 75g

調味料 B

鹽 …… 15g
細砂糖 …… 20g
白胡椒粉 …… 2g
白酒 …… 75g
水 …… 600g
荳蔻粉 …… 1g
義大利綜合香料 …… 3g
新鮮迷迭香 …… 10g
月桂葉 …… 2g

作法 STEP BY STEP

前置準備

1. 鱸魚菲力和全部醃料拌勻，醃製15分鐘。
2. 洋蔥切塊；蘑菇、蒜頭、蒜苗、酸白菜切片；西洋芹切丁；小番茄切半，備用。

1-1

1-2

烹調組合

3 橄欖油倒入鍋中加熱，放入鱸魚（魚皮朝下），以中小火煎約 2 分鐘後翻面，續煎約 2 分鐘，取出備用。

4 將食材B放入煎完魚的作法3鍋中，炒香，再加入西洋芹、蒜苗、小番茄炒至微軟。

5 接著加入酸豆、酸白菜和調味料 B，煮滾後轉小火，續煮3分鐘。

6 將煎好的魚片放入作法5鍋中，轉中火煮滾後轉小火，續煮3分鐘，關火待涼。

冷卻分裝

7 地中海水煮魚完全冷卻，再分裝成 4 袋，封口後放入冰箱冷凍保存。

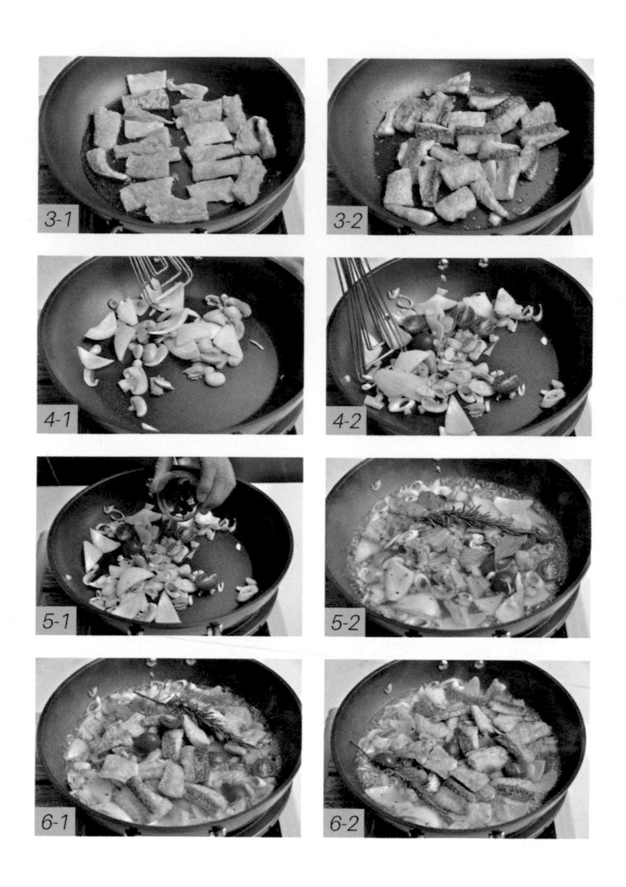

TIPS

▷ 新鮮迷迭香可換成乾燥品約 2g。

▷ 鱸魚菲力也可換成旗魚片或鯛魚片。

▷ 烹調水煮魚時，可加入適量馬鈴薯、紅蘿蔔、去殼蛤蜊，增加食材的豐富性和口感。

▷ 調理包加熱後盛盤，可加入少許匈牙利紅椒粉，增加香氣。

海鮮

泰式魚餅

材料、作法見下一頁

加熱方法

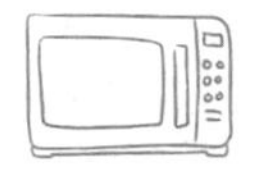
微波爐 OK

電鍋 OK

瓦斯爐 OK

▷ 詳細加熱說明見 P.17

調理包保存

▷ 每袋（180g±10%）可製作 4 袋

▷ 冷凍保存 30 天

材料 INGREDIENTS

食材 A

鯛魚	300g
蝦仁	150g
花枝漿	150g
豬板油	50g
吐司	50g
雞蛋	50g（1 顆）

食材 B

青蔥	10g
香菜	5g
檸檬葉	2g
熟青豆仁	50g

調味料 A

魚露	5g
細砂糖	25g
米酒	30g
紅咖哩醬	50g
香油	10g
白胡椒粉	5g

調味料 B

橄欖油	75g

TIPS

▷ 魚漿務必攪打至起膠有黏性狀態，口感才佳。

▷ 魚漿中也可加入新鮮蟹肉一起攪打，能提升鮮甜味。

▷ 魚餅煎至雙面呈現凸起且蓬鬆的形狀，即表示熟了。

▷ 煎烤料理不建議用電鍋或隔水加熱，會影響口感。

▷ 調理包加熱後盛盤，可沾少許醬汁一起食用，醬汁配方是 20g 泰式燒雞醬、5g 魚露、6g 細砂糖、3g 檸檬汁、1g 香菜末拌勻即可，此配方適合搭配 1 袋魚餅。

作法 STEP BY STEP

前置準備

1 鯛魚、豬板油、吐司切丁；青蔥、香菜、檸檬葉切末，備用。

2 食材 A 放入調理機中，攪打成泥狀。

3 再加入調味料A，繼續打至有黏性起膠狀態，即為魚漿。

4 魚漿倒入容器中，和食材B拌勻，再放入冰箱冷藏約15分鐘。

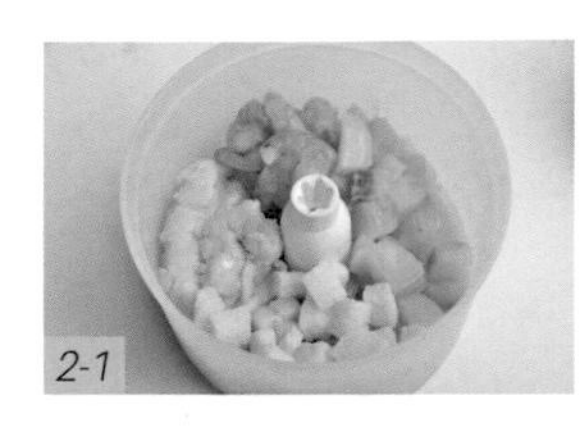
2-1

2-2

3-1

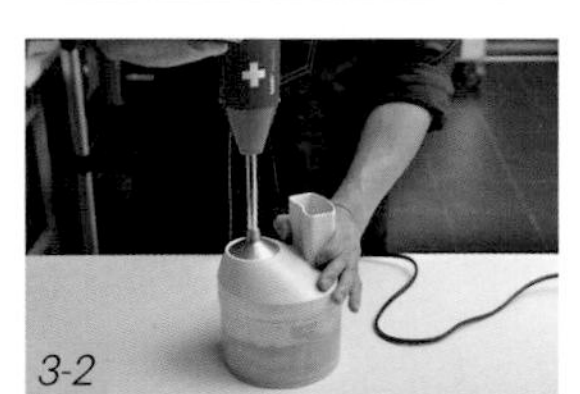
3-2

3-3

4

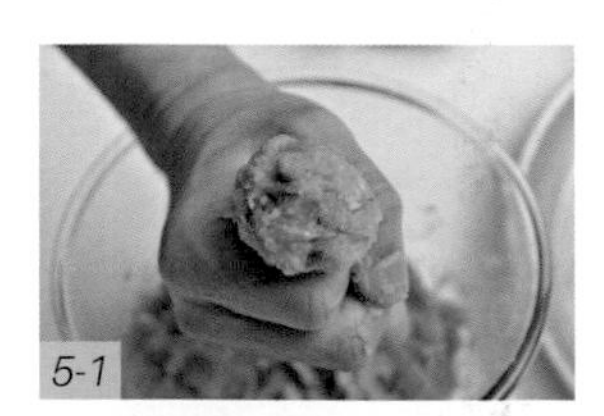
5-1

5-2

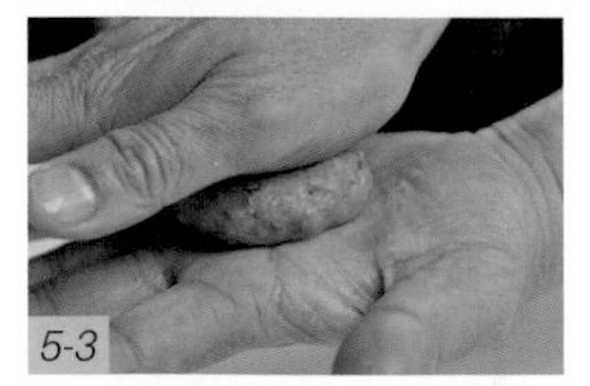
5-3

5-4

6-1

6-2

魚漿塑形

5 從冰箱取出後將魚漿用虎口擠成圓球，每顆約 45g，搓圓後壓成扁圓形。

煎熟金黃

6 橄欖油倒入鍋中加熱，放入扁圓形的魚餅，以中小火煎至兩面金黃色，盛盤待涼。

冷卻分裝

7 泰式魚餅完全冷卻，再分裝成4袋，封口後放入冰箱冷凍保存。

吻沙燴海鮮

調理包保存

- 每袋（500g±10%）可製作 4 袋
- 冷凍保存 30 天

加熱方法

微波爐 OK

電鍋 OK

瓦斯爐 OK

▷ 詳細加熱說明見 P.17

材料 INGREDIENTS

食材A

蝦仁	150g
鮮干貝	200g
淡菜（去殼）	200g
花枝	350g

食材B

熟竹筍（去殼）	200g
彩色小番茄	150g
魚板	75g
青蔥	30g
蒜頭（去皮）	30g

食材C

新鮮香茅	15g
檸檬葉	5g
南薑片	15g

調味料A

玉米粉	75g
水	150g

調味料B

橄欖油	75g
椰漿	200g
檸檬汁	10g

調味料C

叻沙醬	200g
鹽	5g
細砂糖	30g
水	500g
米酒	50g

作法 STEP BY STEP

前置準備

1. 花枝切片狀；熟竹筍切塊；彩色小番茄切半；魚板切片；青蔥切小段；蒜頭切片，備用。
2. 調味料A拌勻即成玉米粉水，後續勾芡使用。

烹調組合

3. 橄欖油倒入鍋中加熱，以小火炒香青蔥、蒜頭，再放入食材A、食材B，拌炒均勻。
4. 加入調味料C、食材C，轉中火煮滾後轉小火，再加入彩色小番茄、魚板煮約3分鐘。
5. 接著加入椰漿炒勻，再倒入玉米粉水勾芡煮滾，最後加入檸檬汁，關火待涼。

冷卻分裝

6. 叻沙燴海鮮完全冷卻，再分裝成4袋，封口後放入冰箱冷凍保存。

TIPS

▷ 淡菜必須去殼才不會刺破袋子，去殼也可避免殼上的雜質而影響食物保鮮品質。

▷ 加入叻沙醬時，可放入少許咖哩粉或咖哩塊一起烹調，烹調完成後搭配白飯，就是非常美味的南洋風味餐點。

3

4-1

4-2

4-3

5-1

5-2

海鮮

XO醬炒海鮮

加熱方法

微波爐 OK

電鍋 OK

瓦斯爐 OK

▷ 詳細加熱說明見 P.17

調理包保存

▷ 每袋（330g±10%）可製作 4 袋

▷ 冷凍保存 30 天

材料 INGREDIENTS

食材 A

新鮮干貝	200g
蝦仁	200g
小花枝	200g
海參	250g

食材 B

西洋芹	300g
紅甜椒	100g
銀杏	75g

食材 C

青蔥	20g
蒜頭（去皮）	20g

調味料 A

橄欖油	50g

調味料 B

XO 醬	100g
醬油	20g
蠔油	50g
細砂糖	15g
米酒	20g
白胡椒粉	3g
香油	10g
水	100g

作法 STEP BY STEP

前置準備

1 小花枝切片；海參切塊，備用。

2 西洋芹、紅甜椒切塊；青蔥切段；蒜頭切片，備用。

烹調組合

3 橄欖油倒入鍋中加熱， 以小火炒香蔥段、蒜片，再放入食材A煎香。

4 接著加入食材B、 調味料Ｂ炒熟，關火待涼。

冷卻分裝

5 XO醬炒海鮮完全冷卻， 再分裝成4袋，封口後放入冰箱冷凍保存。

TIPS

▷清洗海參時必須把表面石灰質及內部腸泥洗淨，以免影響口感。

▷XO醬起源於粵菜，是醬料中的極品，常用於海鮮、肉類、蔬菜、飯、麵料理的調味，可提高菜餚的風味及豐富性。

海鮮

番茄鯛魚莎莎醬

調理包保存

- 每袋魚片（120g±10%）可製作 4 袋
  每袋醬汁（100g±10%）可製作 4 袋
- 冷凍保存 30 天

材料 INGREDIENTS

食材 A

鯛魚片 600g

食材 B

牛番茄 200g
洋蔥（去皮）........ 150g
蒜頭（去皮）........ 20g
九層塔 5g
新鮮巴西里 5g

醃料

鹽 3g
細砂糖 20g
米酒 25g
白胡椒粉 5g
香油 15g
雞蛋 .... 50g（1 顆）
中筋麵粉 75g

調味料 A

番茄醬 100g
墨西哥辣椒水 20g
粗粒黑胡椒 2g
鹽 5g
檸檬汁 25g
細砂糖 25g

調味料 B

橄欖油 50g

加熱方法

微波爐 OK

電鍋 OK

瓦斯爐 OK

▷ 詳細加熱說明見 P.17

作法 STEP BY STEP

前置準備

1 鯛魚片和醃料拌勻，醃製 30 分鐘。

2 牛番茄切丁；洋蔥、蒜頭、九層塔、巴西里切末，備用。

3 調味料A、 食材B放入大碗中， 拌勻即為番茄莎莎醬。

烹調加熱

4 橄欖油倒入鍋中加熱，放入鯛魚片，以中小火煎至兩面呈金黃色，盛出待涼。

冷卻分裝

5 將冷卻的魚片裝成4袋，番茄莎莎醬也裝成4袋，分別封口後放入冰箱冷凍保存。

TIPS

▷ 新鮮巴西里可換成乾燥品約 1g。
▷ 番茄莎莎醬可依個人口味，增減檸檬汁量來調節酸度。
▷ 魚片亦可使用油炸法烹調，以 180°C油溫炸約 5 分鐘即可。
▷ 可將魚片盛盤，淋入番茄莎莎醬一起加熱。

海鮮

乾煎蝦餅

加熱方法

微波爐 OK

電鍋 NO

瓦斯爐 NO

▷ 詳細加熱說明見 P.17

調理包保存

- 每袋（160g±10%）可製作 4 袋
- 冷凍保存 30 天

材料 INGREDIENTS

食材 A

蝦仁 600g
豬板油 35g

食材 B

馬蹄 35g
青蔥 10g
香菜 5g

食材 C

雞蛋 100g（2顆）
中筋麵粉 35g
麵包粉 180g

調味料 A

鹽 2g
細砂糖 20g
白胡椒粉 5g
米酒 20g
玉米粉 35g

調味料 B

橄欖油 75g

TIPS

▷ 蝦漿中加入豬板油，可增加潤滑度；加入馬蹄，能讓蝦餅食用時更爽口。

▷ 調理包加熱後盛盤，可沾少許美乃滋一起食用，風味更佳。

▷ 煎烤料理不建議用電鍋或隔水加熱，會影響口感。

作法 STEP BY STEP

前置準備

1. 豬板油切丁；馬蹄、青蔥、香菜切末，備用。
2. 食材A和調味料A放入調理機中，攪打成泥狀後倒入容器中，再加入食材B拌勻，放入冰箱冷藏約15分鐘。

蝦漿塑形

3. 從冰箱取出後將蝦漿用虎口擠成圓球，每顆約 30g，搓圓後壓成扁圓形。
4. 雞蛋去殼後打散，和中筋麵粉混合拌勻成麵糊。
5. 將壓扁的蝦餅放入麵糊中沾裹均勻，再裹上一層麵包粉。

煎熟金黃

6. 橄欖油倒入鍋中加熱，放入扁圓形的蝦餅，以中小火煎至兩面金黃色，盛盤待涼。

冷卻分裝

7. 乾煎蝦餅完全冷卻，再分裝成 4 袋，封口後放入冰箱冷凍保存。

2

3-1

3-2

4

5-1

5-2

6-1

6-2

海鮮

老酒醉翁蝦

加熱方法

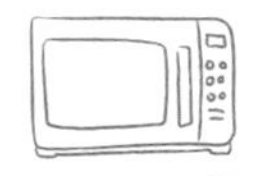
微波爐 NO

電鍋 NO

瓦斯爐 NO

▷ 完全退冰即可食用

調理包保存

▷ 每袋（200g±10%）可製作 4 袋

▷ 冷凍保存 30 天

材料 INGREDIENTS

食材

白蝦……1000g

中藥材

枸杞……10g
桂皮……5g
當歸片……10g
川芎……5g
紅棗……15g

調味料 A

水……400g
紹興酒……180g

調味料 B

鹽……20g
香菇粉……5g
冰糖……28g

作法 STEP BY STEP

前置準備

1 蝦頭去除後將蝦身放入滾水，以中火汆燙約3分鐘，將白蝦放入冷開水冷卻，瀝乾水分備用。

烹調浸泡

2 調味料 A 的水倒入鍋中煮滾，加入調味料 B，續煮至冰糖熔化。

3 將中藥材放入作法 2 鍋中，關火後立即蓋上鍋蓋燜 3 分鐘，掀蓋待涼，再倒入紹興酒拌勻，即為紹興醬汁。

4 將白蝦泡入紹興醬汁，冷藏浸泡一天即可食用。

冷卻分裝

5 老酒醉翁蝦分裝成4袋，封口後放入冰箱冷凍保存。

TIPS

▷紹興醬汁的酒類可依個人喜好換成米酒或紅露酒。

▷一定要等醬汁涼後才可倒入紹興酒，以免酒味蒸發而影響香氣。

▷食用醉蝦時，放入冷藏室自然解凍即可。

海鮮

三杯中卷

加熱方法

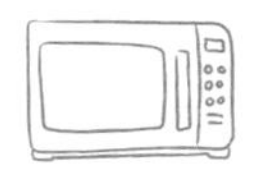
微波爐 OK

電鍋 OK

瓦斯爐 OK

▷ 詳細加熱說明見 P.17

調理包保存

▷ 每袋（280g±10%）可製作 4 袋

▷ 冷凍保存 30 天

材料 INGREDIENTS

食材 A

中卷	800g
九層塔	25g

食材 B

老薑	100g
紅辣椒	25g
青蔥	20g
蒜頭（去皮）	50g

調味料 A

米酒	300g
醬油膏	75g
烏醋	6g
冰糖	50g
辣豆瓣醬	20g
甘草粉	1g
海山醬	20g
水	75g

調味料 B

胡麻油	100g

作法 STEP BY STEP

前置準備

1 中卷切成圈狀；老薑、紅辣椒切片；青蔥切段，備用。

烹調組合

2 中卷放入一鍋滾水，以中火汆燙約 2 分鐘至熟，撈起後瀝乾。

3 調味料 A 放入鍋中，用中火邊煮邊拌勻至冰糖熔化，即為三杯醬汁。

4 胡麻油倒入另一鍋中加熱，放入食材 B，以小火炒香，再倒入三杯醬汁、中卷，燒煮入味，接著加入九層塔快速炒勻，關火待涼。

冷卻分裝

5 三杯中卷完全冷卻，再分裝成 4 袋，封口後放入冰箱冷凍保存。

TIPS

▷ 中卷屬於海鮮類帶點鹹味，烹調時若覺得醬汁太鹹，則可加入少許冷開水稀釋醬汁。

▷ 三杯醬汁可多煮些，放涼後分小袋後真空密封，冷凍可保存 30 天，之後方便拿來直接烹調三杯料理，例如：三杯雞、三杯花枝。

海鮮

燒烤椒香花枝

加熱方法

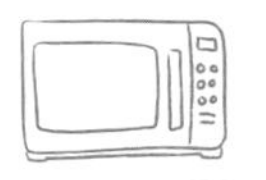
微波爐 OK

電鍋 OK

瓦斯爐 OK

▷ 詳細加熱說明見 P.17

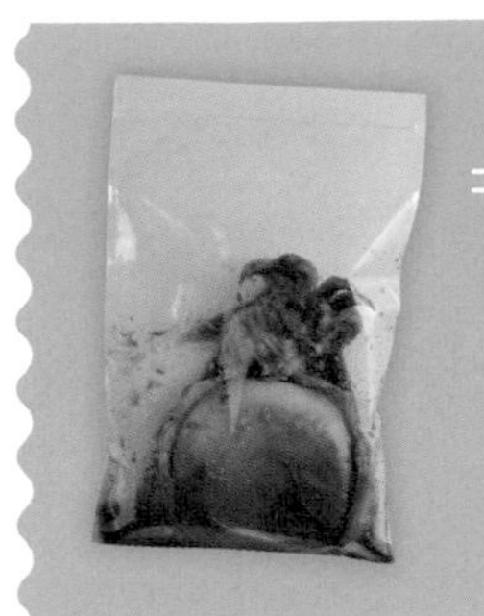

調理包保存

▷ 每袋（210g±10%）可製作 4 袋

▷ 冷凍保存 30 天

材料 INGREDIENTS

食材

花枝	800g

調味料

醬油膏	100g
沙茶醬	90g
烤肉醬	75g
味醂	50g
米酒	100g
細砂糖	75g
冷開水	75g
胡麻油	50g

作法 STEP BY STEP

前置準備

1 花枝身兩側劃刀；所有調味料放入大碗，拌勻即為燒烤醬，備用。

烹調組合

2 將花枝放置烤架（底下墊烤盤），再放入以 180℃預熱好的烤箱，烤約 5 分鐘至表面無水分。

3 取出後刷一層燒烤醬，重複2至3次，共烤15至20分鐘即可。

冷卻分裝

4 燒烤椒香花枝完全冷卻，再分裝成4袋，封口後放入冰箱冷凍保存。

TIPS

▷ 花枝燒烤時一定要將表面烤乾後才可刷上醬汁，比較能入味。

▷ 花枝改刀劃紋路時，也可以直刀法切割法呈現整隻花枝形狀的風格。

▷ 食用時可搭配適量 P.90 涼拌小黃瓜，淋上少許檸檬汁，並撒上七味粉、熟白芝麻，風味更佳。若花枝體積較大，食用時可分切成小塊享用。

海鮮

泰式涼拌花枝

加熱方法

微波爐 NO

電鍋 NO

瓦斯爐 NO

▷ 完全退冰即可食用

調理包保存

▷ 每袋（250g±10%）可製作 4 袋

▷ 冷凍保存 30 天

材料 INGREDIENTS

食材 A

小花枝	800g
小番茄	200g

食材 B

蒜頭（去皮）	20g
紅辣椒	20g
紅蔥頭（去皮）	20g

調味料

魚露	20g
細砂糖	75g
檸檬汁	30g
泰式燒雞醬	150g

作法 STEP BY STEP

前置準備

1. 小番茄切半；蒜頭、紅辣椒切末；紅蔥頭切片，備用。
2. 食材 B 和調味料拌勻，即為醬汁。

烹調組合

3. 小花枝放入一鍋滾水，以中火汆燙約5分鐘，取出後泡入碎冰水（冰鎮），瀝乾水分。
4. 將小花枝和醬汁混合拌勻。

分裝保存

5. 泰式涼拌花枝分裝成4袋，封口後放入冰箱冷凍保存。

TIPS

▷ 如果買不到小花枝，也可選購大花枝或中卷替代。

▷ 食用前放入冰箱冷藏室退冰，可搭配適量香菜末、九層塔末，增加風味。不建議先加入調理包中，冰過後色澤會氧化，所以建議食用時再拌入。

海鮮

和風涼拌干貝

加熱方法

微波爐 NO

電鍋 NO

瓦斯爐 NO

▷ 完全退冰即可食用

調理包保存

▷ 每袋（260g±10%）可製作 4 袋

▷ 冷凍保存 30 天

材料 INGREDIENTS

食材 A

新鮮干貝 ………… 600g
彩色小番茄 ………… 150g
銀杏 ………… 100g
毛豆仁 ………… 75g

食材 B

洋蔥（去皮）………… 30g
蒜頭（去皮）………… 30g

調味料

和風醬 ………… 200g
味醂 ………… 50g

作法 STEP BY STEP

前置準備

1 彩色小番茄對切；洋蔥、蒜頭切末，備用。

烹調組合

2 新鮮干貝放入一鍋滾水，以中火汆燙約5分鐘，取出後泡入碎冰水（冰鎮），瀝乾水分。

3 銀杏、毛豆仁放入另一鍋滾水，以中火汆燙3分鐘後瀝乾備用。

4 和風醬、味醂和切末的食材B拌勻，再加入食材A拌勻。

分裝保存

5 和風涼拌干貝分裝成4袋，封口後放入冰箱冷凍保存。

TIPS

▷ 配料中可加入水梨、蘋果，增加不同口感。

▷ 調理包完全退冰即可食用，可搭配適量 P.224 糖心蛋野菜沙拉，讓食材變得更豐富並攝取纖維質。

海鮮

蒜味冬粉蒸淡菜

加熱方法

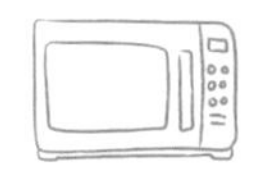

微波爐 OK

電鍋 OK

瓦斯爐 OK

▷ 詳細加熱說明見 P.17

調理包保存

▷ 每袋（250g±10%）可製作 4 袋

▷ 冷凍保存 30 天

材料 INGREDIENTS

食材A

- 冬粉 …… 160g
- 熱水 …… 280g
- 淡菜（去殼）…… 600g

食材B

- 蒜頭（去皮）…… 200g
- 青蔥 …… 30g

調味料A

- 橄欖油 …… 100g

調味料B

- 醬油 …… 50g
- 細砂糖 …… 25g
- 鹽 …… 2g
- 香油 …… 20g
- 水 …… 450g

調味料C

- 醬油 …… 50g
- 水 …… 150g
- 細砂糖 …… 35g
- 魚露 …… 10g

TIPS

- 如果用電鍋烹調，外鍋倒入 0.5 量米杯水，蒸至開關跳起即可。
- 作法 5 中可加入適量洋蔥絲一起蒸製，能增加鮮甜滋味。
- 冬粉 1 把約 35g，用熱水浸泡較快變軟；也可用冷水浸泡，大約需要 20 至 30 分鐘。
- 調理包加熱後盛盤，可用煮熟的綠花椰菜圍邊，並以泡軟的枸杞點綴，即成一盤色彩繽紛的宴客菜。

作法 STEP BY STEP

前置準備

1. 冬粉泡入熱水至軟後瀝乾水分；蒜頭切末，分成50g、150g；青蔥切末，備用。

烹調組合

2. 取50g蒜碎和調味料B放入鍋中，加入瀝乾水分的冬粉，以中火煮滾後關火，浸泡約2分鐘，夾起冬粉備用。
3. 橄欖油倒入鍋中加熱，以小火炒香剩餘的150g蒜碎，盛起備用。
4. 調味料C倒入另一鍋中，以中火煮滾，即為醬汁。
5. 冬粉放入深盤中，擺入淡菜，淋上作法3蒜碎，再放入上層蒸鍋。
6. 蒸鍋水滾後轉小火，放上作法5裝冬粉淡菜的蒸鍋，蒸約6分鐘至熟。
7. 再撒上青蔥末續蒸30秒鐘，淋上醬汁，取出後待涼。

冷卻分裝

8. 蒜味冬粉蒸淡菜完全冷卻，再分裝成 4 袋，封口後放入冰箱冷凍保存。

蔬食

韓式泡菜

加熱方法

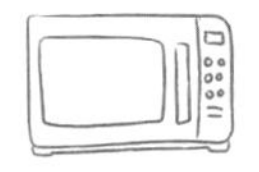

微波爐 NO

電鍋 NO

瓦斯爐 NO

▷ 自冷藏室取出即可食用

調理包保存

▷ 每袋（750g±10%）可製作 4 袋

▷ 冷藏保存 15 天

材料 INGREDIENTS

食材

山東白菜 ········ 3000g
紅蘿蔔（去皮） ········ 300g

調味料 A

鹽 ········ 180g

調味料 B

白醋 ········ 375g
香菇粉 ········ 30g
細砂糖 ········ 150g
辣豆瓣醬 ········ 260g
蒜頭（去皮） ········ 150g
紅辣椒 ········ 150g
中薑 ········ 35g

調味料 C

韓式辣椒粉 ········ 18g
香油 ········ 150g

作法 STEP BY STEP

前置準備

1 山東白菜切塊；紅蘿蔔切絲，備用。

2 食材A放入容器中，均勻撒上鹽醃製1小時，洗淨鹽分去除鹹味後瀝乾水分。

拌勻醃製

3 所有調味料B放入調理機中，攪打至泥狀，再加入調味料C拌勻，即為泡菜醬汁。

4 將泡菜醬汁倒入白菜蘿蔔中，拌勻後冷藏醃製1天即可食用。

分裝保存

5 韓式泡菜分裝成 4 袋，封口後放入冰箱冷藏保存。

TIPS

▷ 爲了不影響泡菜口感，這道料理只適合冷藏，所以不建議冷凍保存。

▷ 使用中薑味道較適中，若用老薑則太辛辣、嫩薑的香氣較爲不足。

▷ 作法 2 用鹽醃製時，每隔 20 分鐘攪拌一次，較能將白菜本身的水分釋出，洗淨鹽分並瀝乾，更容易讓泡菜醬汁滲入白菜。

蔬食

黃金海帶芽

加熱方法

微波爐 NO

電鍋 NO

瓦斯爐 NO

▷ 自冷藏室取出即可食用

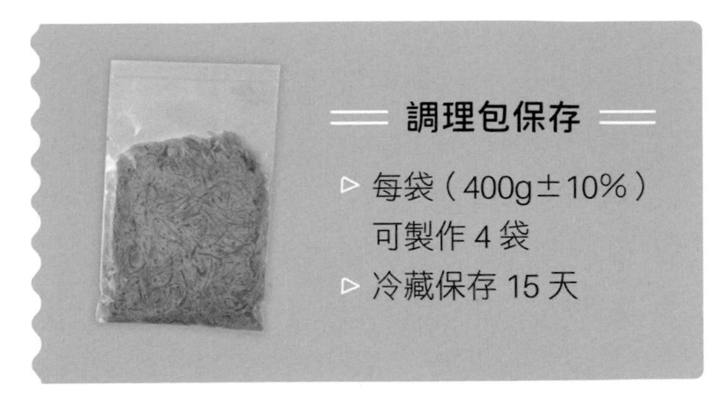

調理包保存

▷ 每袋（400g±10%）可製作 4 袋

▷ 冷藏保存 15 天

材料 INGREDIENTS

食材 A

海帶芽 ………… 600g

食材 B

紅蘿蔔（去皮）………… 185g
南瓜（去皮）………… 180g
紅辣椒 ………… 30g
蒜頭（去皮）………… 50g

調味料

白醋 ………… 200g
細砂糖 ………… 190g
香菇粉 ………… 30g
甘甜豆腐乳 ………… 30g
香油 ………… 180g

作法 STEP BY STEP

前置準備

1 海帶芽泡入冷開水約半天，洗淨後瀝乾水分。

2 紅蘿蔔、南瓜切小塊後放入電鍋內鍋，外鍋倒入2量米杯水，蒸至開關跳起，取出微降溫。

拌勻醃製

3 將所有食材B、調味料放入調理機中，攪打均勻即為醬汁。

4 將海帶芽放入容器中，加入醬汁，拌勻後冷藏醃製1天即可食用。

分裝保存

5 黃金海帶芽分裝成 4 袋，封口後放入冰箱冷藏保存。

TIPS

▷ 海帶芽因爲含鹽量高，所以務必浸泡一段時間，並用冷開水洗淨鹽分。

▷ 蒸過的紅蘿蔔、南瓜可釋出胡蘿蔔素，醃製時能讓顏色更爲鮮豔。

▷ 涼拌菜不建議冷凍，以冷藏保存爲佳。

蔬食

酸辣青木瓜

加熱方法

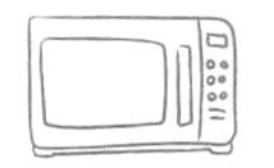
微波爐 NO

電鍋 NO

瓦斯爐 NO

▷ 自冷藏室取出即可食用

調理包保存

▷ 每袋（300g±10%）
可製作 4 袋

▷ 冷藏保存 15 天

材料 INGREDIENTS

食材

青木瓜 …… 1000g
小番茄 …… 150g
蒜頭（去皮） …… 30g
紅辣椒 …… 38g

調味料 A

鹽 …… 15g

調味料 B

泰式燒雞醬 …… 200g
魚露 …… 20g
檸檬汁 …… 50g
細砂糖 …… 50g

作法 STEP BY STEP

前置準備

1 青木瓜去皮後刨絲；小番茄切半；蒜頭切末；紅辣椒切片，備用。

2 青木瓜絲放入容器中，均勻撒上鹽醃製40分鐘。

3 再泡入冰水中冰鎮30分鐘去除鹹味，瀝乾水分。

拌勻醃製

4 調味料B倒入大碗中拌勻，加入所有食材，拌勻後冷藏醃製1小時即可食用。

分裝保存

5 酸辣青木瓜分裝成 4 袋，封口後放入冰箱冷藏保存。

TIPS

▷ 涼拌菜不建議冷凍保存，以免影響口感。

▷ 酸辣青木瓜絲中可加入烤過或炸過的開陽（蝦米）或海鮮，更能呈現泰式風味。

▷ 調理包盛盤，食用時可加入適量香菜末、碎花生、去皮檸檬丁拌勻，能增加不同口感。

蔬食

涼拌小黃瓜

加熱方法

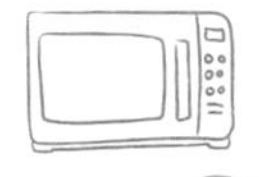

微波爐 NO

電鍋 NO

瓦斯爐 NO

▷ 自冷藏室取出即可食用

調理包保存

▷ 每袋（210g±10%）可製作 4 袋

▷ 冷藏保存 7 天

材料 INGREDIENTS

食材

小黃瓜 1000g

蒜頭（去皮） 50g

紅辣椒 50g

調味料 A

鹽 15g

香油 30g

調味料 B

細砂糖 150g

白醋 150g

鹽 10g

TIPS

▷ 切割小黃瓜時，可用刀身輕拍小黃瓜，讓醬汁更容易滲入。

▷ 可依個人喜好，加入適量白木耳、黑木耳或是粉皮一起和小黃瓜拌勻，成爲非常美味的涼拌菜。

▷ 涼拌菜不建議冷凍，以冷藏保存爲佳。

作法 STEP BY STEP

前置準備

1. 小黃瓜切4至5公分段狀；蒜頭切末；紅辣椒切片，備用。
2. 小黃瓜放入容器中，均勻撒上調味料A的鹽，醃製40分鐘。
3. 再泡入冰水中冰鎮30分鐘去除鹹味，瀝乾水分。

拌勻醃製

4. 調味料B倒入大碗中拌勻，加入所有食材、香油，拌勻後冷藏醃製1小時即可食用。

分裝保存

5. 涼拌小黃瓜分裝成 4 袋，封口後放入冰箱冷藏保存。

蔬食

梅汁番茄

加熱方法

微波爐 NO

電鍋 NO

瓦斯爐 NO

▹ 自冷藏室取出即可食用

調理包保存

▹ 每袋（400g±10%）可製作 4 袋
▹ 冷藏保存 7 天

材料 INGREDIENTS

食材 A

彩色小番茄 1000g

食材 B

白色話梅 50g
紫蘇梅 150g

調味料 A

水 800g
冰糖 200g
細砂糖 300g

調味料 B

紅醋 200g

作法 STEP BY STEP

前置準備

1 每個小番茄尾部用刀子劃上十字刀痕備用。

2 準備一鍋滾水，放入小番茄，以中火汆燙約2分鐘至外皮有裂痕。

3 將小番茄撈起後泡入冰水中冷卻，去皮後瀝乾水分。

拌勻醃製

4 調味料A倒入鍋中，以中火煮滾至糖熔化，加入白色話梅煮約1分鐘，關火待涼，盛入大碗。

5 再加入紫蘇梅、紅醋，拌勻即為醬汁，將小番茄倒入醬汁中，冷藏浸泡 1 天即可食用。

分裝保存

6 梅汁番茄分裝成 4 袋，封口後放入冰箱冷藏保存。

TIPS

▷ 梅汁番茄屬於冷食，不建議冷凍保存，以免影響口感。

▷ 小番茄也可用油炸法去皮，油炸法更能入味，於冰鎮冷卻後洗淨，瀝乾水分即可。

1

3-1

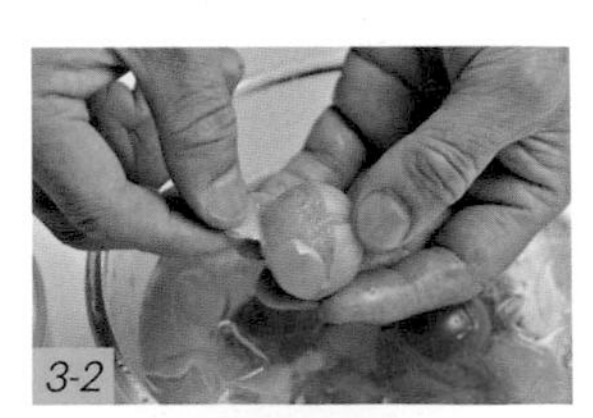
3-2

4

5-1

5-2

蔬食

百香南瓜

加熱方法

微波爐 NO

電鍋 NO

瓦斯爐 NO

▷ 自冷藏室取出即可食用

調理包保存

▷ 每袋（350g±10%）可製作 4 袋

▷ 冷藏保存 15 天

材料 INGREDIENTS

食材

南瓜 ⋯⋯ 1000g

調味料 A

鹽 ⋯⋯ 15g

調味料 B

百香果醬 ⋯⋯ 200g
新鮮百香果粒 ⋯⋯ 100g
蜂蜜 ⋯⋯ 100g
檸檬汁 ⋯⋯ 50g
鹽 ⋯⋯ 10g
細砂糖 ⋯⋯ 75g
乾燥桂花 ⋯⋯ 3g

作法 STEP BY STEP

前置準備

1 南瓜去皮去籽後切片，再放入容器中，均勻撒上調味料A的鹽，醃製40分鐘。

2 再泡入冰水中冰鎮30分鐘去除鹹味，瀝乾水分。

拌勻醃製

3 調味料B倒入大碗中拌勻，加入南瓜片，拌勻後冷藏醃製1小時即可食用。

分裝保存

4 百香南瓜分裝成 4 袋，封口後放入冰箱冷藏保存。

TIPS

▷ 醃製的醬汁也可加入梅子或柚子醬，能增加不同風味。

▷ 挑選重量足夠的南瓜，即拿起來沉穩感的，表示甜度較高。

▷ 涼拌菜適合冷藏，不建議冷凍保存。

蔬食

白玉藜麥猴頭菇

加熱方法

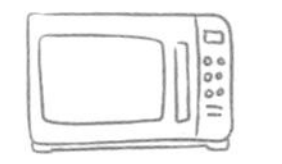
微波爐 OK

電鍋 OK

瓦斯爐 OK

▷ 詳細加熱說明見 P.17

調理包保存

▷ 每袋（250g±10%）可製作 4 袋
▷ 冷凍保存 30 天

材料 INGREDIENTS

食材 A

白蘿蔔（去皮）…… 800g

食材 B

猴頭菇 …… 200g
紅藜麥 …… 30g
銀杏 …… 75g
枸杞 …… 3g

調味料

紅麴醬 …… 50g
素蠔油 …… 50g
細砂糖 …… 25g
香菇粉 …… 3g
香油 …… 20g
五香粉 …… 1g

TIPS

▷ 調理包加熱時，可加入適量黑木耳丁一起蒸熟，再用煮熟的綠花椰花菜圍邊，即是營養滿分又漂亮的菜餚。

▷ 可將所有食材煮熟後瀝乾水分，再加入調味料拌勻，即成為涼拌菜。

作法 STEP BY STEP

前置準備

1. 白蘿蔔切丁；猴頭菇切塊；藜麥泡熱水15分鐘後瀝乾水分，備用。

烹調組合

2. 白蘿蔔放入滾水，以中火煮10分鐘，取出後放入冷開水中降溫。
3. 所有調味料放入電鍋內鍋，加入食材B、白蘿蔔拌勻。
4. 再放入電鍋，外鍋倒入0.5量米杯水，蒸至開關跳起，取出待涼。

冷卻分裝

5. 白玉藜麥猴頭菇完全冷卻，再分裝成 4 袋，封口後放入冰箱冷凍保存。

蔬食

油醋拌彩椒

加熱方法

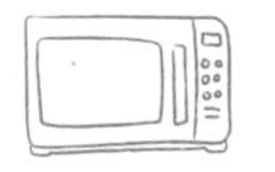
微波爐 NO

電鍋 NO

瓦斯爐 NO

▹ 自冷藏室取出即可食用

調理包保存

▹ 每袋（200g±10％）可製作 4 袋

▹ 冷藏保存 15 天

材料 INGREDIENTS

食材 A

黃甜椒	300g
紅甜椒	300g
青椒	300g

食材 B

蒜頭（去皮）	20g

調味料

調味料	份量
橄欖油	50g
蘋果醋	100g
醬油	20g
鹽	5g
粗粒黑胡椒	3g
義大利綜合香料	3g

作法 STEP BY STEP

前置準備

1. 黃甜椒、紅甜椒、青椒切半去籽；蒜頭切末，備用。

烹調組合

2. 將食材A放在烤架，用瓦斯爐的小火燒烤至表皮微焦且軟化，再泡入冰水並去除表皮，瀝乾後再對切。
3. 蒜末和調味料放入容器中，拌勻即是油醋醬。
4. 將去皮的彩椒和油醋醬拌勻，醃製約20分鐘即可食用。

冷卻分裝

5. 油醋拌彩椒分裝成 4 袋，封口後放入冰箱冷藏保存。

TIPS

▹ 油醋中的橄欖油可換成苦茶油，能呈現出微微茶香。

▹ 作法 4 拌好的彩椒，可加入適量新鮮巴西里末或迷迭香，能增加香氣。

▹ 涼拌菜適合冷藏，不建議冷凍保存。

蔬食

奶汁燉蔬菜

加熱方法

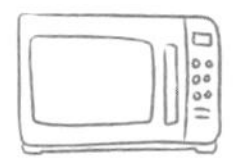
微波爐 OK

電鍋 OK

瓦斯爐 OK

▷ 詳細加熱說明見 P.17

調理包保存

- ▷ 每袋（700g±10%）可製作 4 袋
- ▷ 冷凍保存 30 天

材料 INGREDIENTS

食材 A

- 南瓜（帶皮）150g
- 大黃瓜（去皮）800g
- 紅蘿蔔（去皮）200g
- 紫山藥（去皮）150g
- 小番茄 100g
- 新鮮巴西里 5g

食材 B

- 洋蔥（去皮）300g
- 西洋芹 100g
- 蒜頭（去皮）20g
- 紅蔥頭（去皮）20g
- 蒜苗 50g

調味料 A

- 橄欖油 75g
- 動物性鮮奶油 150g

調味料 B

- 鹽 10g
- 細砂糖 20g
- 香菇粉 5g
- 白胡椒粉 2g
- 義大利綜合香料 2g
- 水 800g

調味料 C

- 匈牙利紅椒粉 3g

作法 STEP BY STEP

前置準備

1. 準備食材A，將南瓜、大黃瓜、紅蘿蔔、紫山藥切塊；小番茄切半；新鮮巴西里切末，備用。
2. 準備食材B，洋蔥切塊；西洋芹切段；蒜頭、紅蔥頭、蒜苗切片備用。

烹調組合

3. 橄欖油倒入鍋中加熱，以小火煎香南瓜塊後取出，再放入食材B，以小火炒香。
4. 接著放入紅蘿蔔、紫山藥、大黃瓜炒勻。
5. 再加入調味料 B，轉中火煮滾後轉小火，續煮 15 分鐘。
6. 接著加入南瓜、小番茄、鮮奶油續煮 5 分鐘，最後倒入匈牙利紅椒粉、巴西里末炒勻，關火待涼。

冷卻分裝

7. 奶汁燉蔬菜完全冷卻，再分裝成 4 袋，封口後放入冰箱冷凍保存。

TIPS

- ▷新鮮巴西里可換成乾燥品約 1g。
- ▷調味料可加入適量鮮奶或奶粉，能提升香氣。
- ▷燉菜烹煮完成時，可加入少許玉米粉水或蓮藕粉水勾芡。
- ▷燉菜的食材可依個人喜愛加入櫛瓜、大白菜、高麗菜、菇菌類。
- ▷調理包加熱時，可放上 1 片起司片一起加熱，增加奶香味。
- ▷食用時可搭配適量 P.74 三杯中卷、1 碗米飯，即是營養均衡的餐點。

蔬食

泰式蔬食紅咖哩

加熱方法

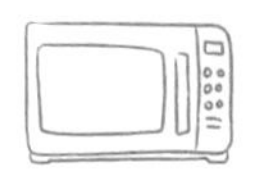

微波爐 OK

電鍋 OK

瓦斯爐 OK

▷ 詳細加熱說明見 P.17

調理包保存

▷ 每袋（650g±10%）可製作 4 袋

▷ 冷凍保存 30 天

材料 INGREDIENTS

食材A

馬鈴薯（去皮）	300g
杏鮑菇	180g
紅蘿蔔（去皮）	300g
白蘿蔔（去皮）	600g
白花椰菜	200g
櫛瓜	200g
油豆腐	150g
九層塔	50g

食材B

蒜頭（去皮）	30g
紅蔥頭（去皮）	30g
南薑	15g
新鮮香茅	15g
檸檬葉	5g

調味料A

調味料	份量
橄欖油	75g
椰漿	150g
花生粉	20g

調味料B

調味料	份量
紅咖哩醬	150g
鹽	3g
細砂糖	30g
米酒	50g
水	1000g

作法 STEP BY STEP

前置準備

1. 馬鈴薯、杏鮑菇、紅蘿蔔、白蘿蔔、櫛瓜切塊；白花椰菜切小朵；油豆腐切三角形，備用。
2. 蒜頭、紅蔥頭、南薑、香茅切片。

烹調組合

3. 橄欖油倒入鍋中加熱，放入馬鈴薯、杏鮑菇，以小火煎香，再加入食材B，繼續炒香。
4. 接著加入紅蘿蔔、白蘿蔔、白花椰菜、油豆腐和調味料 B，轉中小火煮滾後轉小火，續煮約 20 分鐘，再加入櫛瓜，續煮 5 分鐘。
5. 最後倒入椰漿、花生粉，炒勻後煮滾，再放入九層塔快速炒勻，關火待涼。

冷卻分裝

6. 泰式蔬食紅咖哩完全冷卻，再分裝成 4 袋，封口後放入冰箱冷凍保存。

3

4-1

4-2

5-1

5-2

TIPS

- 烹調時加入花生粉，可提升料理香氣，感受不同層次的口感。
- 蔬菜種類可用冬瓜、秋葵、新鮮香菇、綠花椰菜等交叉替換。

蔬食

白酒果醋紫高麗

加熱方法

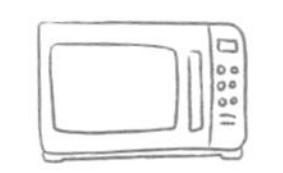
微波爐 NO

電鍋 NO

瓦斯爐 NO

▷ 自冷藏室取出即可食用

調理包保存

▷ 每袋（330g±10％）可製作 4 袋

▷ 冷藏保存 15 天

材料 INGREDIENTS

食材

紫高麗菜 ……… 600g
紫洋蔥（去皮）……… 300g
蘋果（去皮）……… 300g

調味料 A

橄欖油 ……… 120g
無鹽奶油 ……… 60g
檸檬汁 ……… 40g

調味料 B

白酒 ……… 150g
月桂葉 ……… 5g

調味料 C

蘋果醋 ……… 300g
白醋 ……… 40g
鹽 ……… 5g
細砂糖 ……… 75g

作法 STEP BY STEP

前置準備

1 紫高麗菜、紫洋蔥、蘋果切絲備用。

烹調組合

2 橄欖油倒入鍋中加熱，放入所有食材，以中火炒軟，再加入調味料B炒香。

3 接著倒入調味料C煮滾後轉小火，蓋上鍋蓋燜煮至醬汁微乾。

4 再加入無鹽奶油煮至熔化，最後加入檸檬汁煮10秒鐘，關火待涼。

冷卻分裝

5 白酒果醋紫高麗完全冷卻，再分裝成 4 袋，封口後放入冰箱冷藏保存。

TIPS

▷起鍋前加入檸檬汁，能讓料理的顏色更鮮豔。

▷食用時不需加熱，稍微退冰就可吃。

▷若有蜜過的洛神花，也可於作法 3 時加入，能增加天然的酸甜味。

蔬食

蒜香奶油馬鈴薯

加熱方法

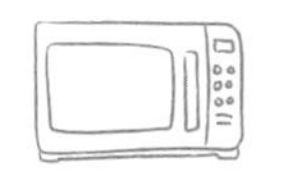

微波爐 OK　電鍋 OK　瓦斯爐 OK

▷ 詳細加熱說明見 P.17

調理包保存

▷ 每袋（250g±10%）可製作 4 袋

▷ 冷凍保存 30 天

材料 INGREDIENTS

食材

馬鈴薯（帶皮）	1000g
蒜頭（去皮）	30g

調味料 A

橄欖油	75g
無鹽奶油	20g
匈牙利紅椒粉	1g

調味料 B

鹽	2g
粗粒黑胡椒	3g
新鮮巴西里	10g

TIPS

▷ 馬鈴薯先蒸過，可減少後續烹調時間。

▷ 切好的馬鈴薯可先泡入適量鮮奶中再入鍋煎香，充滿濃郁奶香味。

▷ 調味料可加入少許義大利綜合香料，增加香氣。

▷ 新鮮巴西里可換成乾燥品約 2g。

▷ 加熱無鹽奶油時勿大火，以免焦黑。

作法 STEP BY STEP

前置準備

1. 馬鈴薯表皮洗淨；蒜頭、巴西里切末，備用。

烹調組合

2. 馬鈴薯放入容器中，再放入電鍋，外鍋加入0.5量米杯水，蒸至開關跳起，取出待涼後切塊。
3. 橄欖油倒入鍋中加熱，以小火將馬鈴薯煎至金黃色，再放入奶油、蒜末炒香。
4. 接著加入煎好的馬鈴薯、調味料B拌炒均勻，撒上匈牙利紅椒粉快速炒勻，關火待涼。

冷卻分裝

5. 蒜香奶油馬鈴薯完全冷卻，再分裝成 4 袋，封口後放入冰箱冷凍保存。

蔬食

牛蒡燒蒟蒻

加熱方法

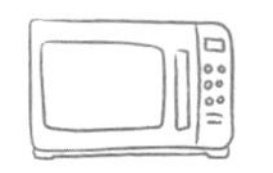

▷ 詳細加熱說明見 P.17

調理包保存

▷ 每袋（450g±10%）可製作 4 袋

▷ 冷凍保存 30 天

材料 INGREDIENTS

食材 A

牛蒡（去皮）	600g
紅蘿蔔（去皮）	300g
蒟蒻	300g
乾香菇	100g
草菇	100g

食材 B

蒜頭（去皮）	30g
紅蔥頭（去皮）	30g
中薑	30g
紅辣椒	30g

食材 C

甜豆	30g

調味料 A

橄欖油	100g

調味料 B

鹽	5g
二砂糖	30g
米酒	75g
味醂	30g
醬油	75g
白胡椒粉	3g
水	600g
香油	20g

作法 STEP BY STEP

前置準備

1. 牛蒡、紅蘿蔔、蒟蒻切塊後泡入適量醋水中；乾香菇泡軟切塊；甜豆去蒂頭和兩側粗纖維，備用。
2. 蒜頭、紅蔥頭、中薑、紅辣椒切片。

烹調組合

3. 鍋中倒入橄欖油加熱，以小火炒香食材B，再加入食材A及調味料B，轉中火煮滾。
4. 轉小火續煮20分鐘，最後加入甜豆續煮1分鐘，關火待涼。

冷卻分裝

5. 牛蒡燒蒟蒻完全冷卻，再分裝成 4 袋，封口後放入冰箱冷凍保存。

TIPS

▷ 牛蒡含有鐵質，切完後一定要泡入醋水（清水加白醋或是清水加鹽），才不會氧化變黑。

▷ 挑選的牛蒡必須重量足、表面無軟化或乾扁爲佳；反之表示較無水分、存放的時間太久。

▷ 蒟蒻是植物，又稱爲「魔芋」，若是整塊的蒟蒻也可以用交叉切割方法，烹調時較能入味。

▷ 蒟蒻本身有一種特殊的腥味，可清洗後泡入冷水改善；或是放入滾水中，以中火汆燙 3 至 5 分鐘即可。

蛋豆類

蘑菇鷹嘴豆

加熱方法

微波爐 OK

電鍋 OK

瓦斯爐 OK

▷ 詳細加熱說明見 P.17

調理包保存

▷ 每袋（250g±10%）可製作 4 袋

▷ 冷凍保存 30 天

材料 INGREDIENTS

食材

- 蘑菇 …… 150g
- 紅蘿蔔（去皮）…… 150g
- 毛豆仁 …… 150g
- 熟鷹嘴豆（罐頭）…… 600g

調味料 A

- 橄欖油 …… 75g

調味料 B

- 鹽 …… 10g
- 細砂糖 …… 20g
- 香菇粉 …… 5g
- 粗粒黑胡椒 …… 3g
- 香油 …… 20g

作法 STEP BY STEP

前置準備

1 蘑菇、紅蘿蔔切小丁備用。

2 紅蘿蔔、毛豆仁放入滾水，以中火汆燙約5分鐘，接著放入熟鷹嘴豆汆燙約1分鐘。

3 將作法2食材全部撈起，泡入冰水中冰鎮後瀝乾水分。

烹調組合

4 橄欖油倒入鍋中加熱，以小火煎香蘑菇至金黃色，取出。

5 將所有食材放入容器中，加入調味料B拌勻，放涼。

冷卻分裝

6 蘑菇鷹嘴豆分裝成4袋，封口後放入冰箱冷凍保存。

TIPS

▷ 鷹嘴豆又稱雪蓮子，中式料理常用在燉湯及甜品上。

▷ 若使用乾燥鷹嘴豆，則需要先泡水 8 至 12 小時膨脹，瀝乾後加水（必須淹過鷹嘴豆）和少許鹽調味。

a. 電鍋煮法：外鍋倒入 1 量米杯水，蒸至開關跳起。
b. 壓力鍋煮法：快速方便，烹煮大約 15 分鐘即完成。
c. 瓦斯爐煮法：鷹嘴豆放入滾水中，轉小火煮 30 至 40 分鐘。

蛋豆類

酸辣未來肉

加熱方法

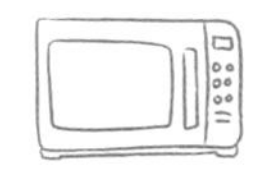
微波爐 OK

電鍋 OK

瓦斯爐 OK

▷ 詳細加熱說明見 P.17

調理包保存

▷ 每袋（340g±10%）可製作 4 袋

▷ 冷凍保存 30 天

材料 INGREDIENTS

食材 A

新豬肉	800g
酸豇豆	150g
彩色小番茄	150g
九層塔	50g

食材 B

紅辣椒	90g
乾辣椒	10g
蒜頭（去皮）	30g
紅蔥頭（去皮）	30g

調味料 A

橄欖油	75g

調味料 B

辣豆瓣醬	30g
泰式燒雞醬	75g
細砂糖	35g
檸檬汁	30g
魚露	10g
匈牙利紅椒粉	3g
米酒	30g
香油	30g

作法 STEP BY STEP

前置準備

1 酸豇豆切成約 0.5 公分段狀；彩色小番茄切半，備用。

2 紅辣椒、乾辣椒切成圈狀；蒜頭、紅蔥頭切末，備用。

烹調組合

3 橄欖油倒入鍋中加熱，以小火炒香食材B後，加入新豬肉、酸豇豆炒香。

4 再加入調味料B、彩色小番茄，拌抄均勻至熟，最後加入九層塔快速炒勻，關火待涼。

冷卻分裝

5 酸辣未來肉完全冷卻，再分裝成 4 袋，封口後放入冰箱冷凍保存。

TIPS

▷ 加入酸豇豆，可以提升菜餚本身的酸香味。

▷ 新豬肉也適合做成漢堡或吐司夾餡，再撒上義大利綜合香料即可。

▷ 隨著環保意思抬頭，近幾年開始推崇飲食中可適當攝取新豬肉（即純植物肉），其組織如手打眞豬肉，純素蛋白質配方主要來自豌豆、非基改大豆和米等。

蛋豆類

四喜燒烤麩

加熱方法

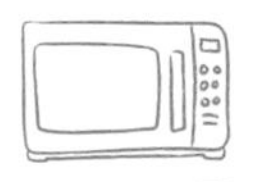
微波爐 OK

電鍋 OK

瓦斯爐 OK

▷ 詳細加熱說明見 P.17

調理包保存

▷ 每袋（210g±10%）可製作 4 袋

▷ 冷凍保存 30 天

材料 INGREDIENTS

食材 A

烤麩	300g
乾香菇	75g
老薑	30g

食材 B

紅蘿蔔（去皮）	150g
熟竹筍（去殼）	150g
毛豆仁	50g

調味料 A

橄欖油	200g

調味料 B

醬油	50g
素蠔油	75g
細砂糖	75g
水	350g
香菇粉	5g
白胡椒粉	3g
香油	20g

作法 STEP BY STEP

前置準備

1. 烤麩、竹筍、紅蘿蔔切塊；香菇泡水軟後切片；老薑切片，備用。

烹調組合

2. 毛豆仁放入滾水中，以中火煮約3分鐘後撈起，再放入紅蘿蔔、熟竹筍煮約8分鐘後撈起。
3. 鍋中倒入橄欖油加熱，放入烤麩，以小火半煎炸成金黃色，盛起備用。
4. 香菇片、老薑片放入作法 3 鍋中，利用餘油小火炒香。
5. 再加入調味料 B、紅蘿蔔、熟竹筍、烤麩，轉小火後蓋上鍋蓋，燜煮約 10 分鐘，接著放入毛豆仁拌勻，關火待涼。

冷卻分裝

6. 四喜燒烤麩完全冷卻，再分裝成4袋，封口後放入冰箱冷凍保存。

TIPS

▷ 四喜燒烤麩為上海江浙菜系有名的小菜之一，配料可依喜好加入黑木耳、扁尖筍、金針、八角等。

▷ 半煎炸的烤麩容易含油，和其他配料烹調前可先用熱水稍微汆燙，能減少油脂量。

▷ 熟竹筍也可使用新鮮竹筍或綠竹筍煮熟再切塊。冷水入鍋煮滾後轉中小火，大約 1 小時關火待冷卻，剝殼再切塊。

蛋豆類

三色蒸蛋

加熱方法

微波爐 OK

電鍋 OK

瓦斯爐 NO

▷ 詳細加熱說明見 P.17

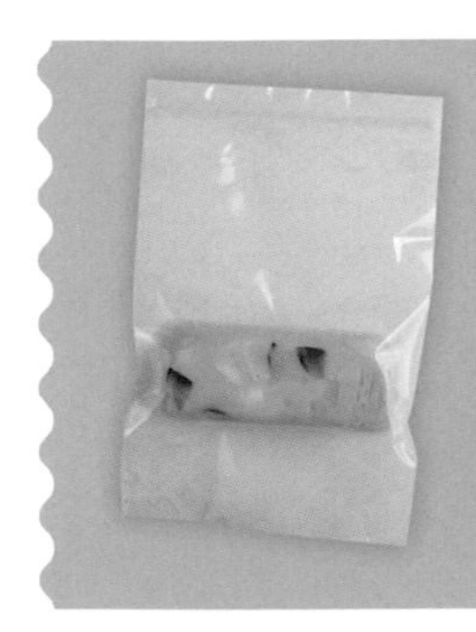

調理包保存

▷ 每袋（120g±10%）可製作 4 袋

▷ 冷藏保存 3 至 5 天

材料 INGREDIENTS

食材

鹹蛋 ………… 65g（1 顆）
皮蛋 ………… 130g（2 顆）
雞蛋 ………… 300g（6 顆）

調味料

鹽 ………… 5g
細砂糖 ………… 10g
米酒 ………… 10g
香油 ………… 15g

TIPS

▷ 用電鍋蒸三色蛋時，鍋蓋一定留縫隙，可以用一雙筷子放在鍋蓋兩側，避免溫度太高而呈現蜂巢狀。

▷ 如果沒有保鮮膜，也可以在容器底部鋪上烘焙紙，蒸好時方便取出。

▷ 三色蛋不建議冷凍保存，冷藏保存 3 至 5 天爲佳。

作法 STEP BY STEP

前置準備

1 皮蛋去殼後放入滾水中，以中小火煮約 12 分鐘至熟，取出後放涼切丁；鹹蛋去殼切丁，備用。

2 雞蛋去殼後打入容器中，打散，再加入所有調味料，拌勻。

3 將拌勻的雞蛋和皮蛋、鹹蛋混合輕輕拌勻。

電鍋蒸熟

4 取一張耐熱保鮮膜，鋪於方形蒸蛋容器內，再倒入拌好的蛋液。

5 再放入電鍋，外鍋倒入 1.5 量米杯水，蒸至開關跳起，取出待涼。

冷卻分裝

6 三色蒸蛋完全冷卻，再切成四大塊，分裝成4袋，封口後放入冰箱冷藏保存。

蛋豆類

茶葉蛋

加熱方法

微波爐 NO

電鍋 OK

瓦斯爐 OK

▷ 詳細加熱說明見 P.17

調理包保存

▷ 每袋（350g±10%）可製作 4 袋

▷ 冷藏保存 7 天

材料 INGREDIENTS

食材 A

雞蛋 …… 1000g（20 顆）
乾香菇 …… 75g
蒜頭（去皮）…… 75g

中藥材

當歸片 …… 10g
桂皮 …… 30g
八角 …… 15g
小茴香 …… 5g
杜仲 …… 20g
甘草 …… 3g
紅茶葉 …… 10g
三奈 …… 5g

調味料 A

鹽 …… 15g

調味料 B

鹽 …… 10g
醬油 …… 150g
紅冰糖 …… 100g
五香粉 …… 5g
香菇素蠔油 …… 100g
水 …… 2500g

作法 STEP BY STEP

前置準備

1. 雞蛋洗淨後放入鍋中，加入水（水量必須淹過雞蛋），並加入調味料 A 的鹽，以中火煮滾後轉小火，續煮 8 分鐘，關火撈起。
2. 中藥材全部裝入滷包袋，綁緊備用。

烹調浸泡

3. 調味料B倒入湯鍋中，轉中火煮滾，加入乾香菇、蒜頭、中藥滷包煮滾後轉小火，續煮5分鐘。
4. 再放入煮熟的雞蛋，以小火續煮約40分鐘，關火放涼，再冷藏浸泡1天即可食用。

冷卻分裝

5. 茶葉蛋分裝成4袋，封口後放入冰箱冷藏保存即可。

TIPS

▷ 煮好的水煮蛋需要放入滷汁前，可以利用鍋緣或湯匙輕輕敲打蛋殼，少許裂縫能讓滷汁更入味。

▷ 整顆帶殼的雞蛋勿用微波爐加熱，在加熱過程中會增加蛋殼內的壓力，因此可能使雞蛋爆開。

▷ 茶葉蛋不建議冷凍，可放入冷藏室，賞味期大約 7 天。

蛋豆類

玉子燒

加熱方法

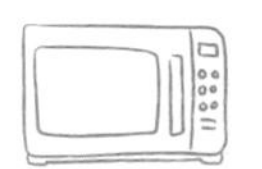
微波爐 OK

電鍋 OK

瓦斯爐 NO

詳細加熱說明見 P.17

調理包保存

- 每袋（125g±10%）可製作 4 袋
- 冷藏保存 3 至 5 天

材料 INGREDIENTS

食材

雞蛋 ········ 500g（10 顆）

調味料 A

鹽 ········ 5g
醬油 ········ 10g
細砂糖 ········ 10g
味醂 ········ 10g
米酒 ········ 50g
水 ········ 50g
香油 ········ 10g
香菇粉 ········ 3g

調味料 B

橄欖油 ········ 100g

作法 STEP BY STEP

前置準備

1 雞蛋去殼後打入容器中，打散，加入調味料A，攪拌均勻。

烹調加熱

2 轉小火加熱玉子燒煎鍋，倒入適量橄欖油潤鍋均勻後將油倒出，取廚房紙巾吸除多餘的油脂。

3 取適量蛋液倒入玉子燒煎鍋中，稍微傾斜鍋子使蛋液均勻分布鍋面。

4 以小火煎至蛋液全熟，將蛋液往後撥動成圓柱狀，推至鍋子一邊。

5 再加入適量橄欖油，倒入適量蛋液，用筷子插入剛剛捲起的蛋捲下方，使蛋液流入下方後捲起。

6 重複倒入橄欖油、蛋液、筷子插入蛋捲下方、捲起步驟 3 至 4 次，煎成厚厚的玉子燒，盛出待涼。

冷卻分裝

7 玉子燒切成 4 大塊，分裝成 4 袋，封口後放入冰箱冷藏保存。

TIPS

- 煎製前一定要先熱鍋，才不會黏鍋。
- 爲了不影響玉子燒口感，不建議放入冷凍庫保存，宜冷藏大約保存 3 至 5 天。
- 調理包加熱時，可加入少許青蔥末點綴及增加香氣。

3

4

5-1

5-2

6-1

6-2

蛋豆類

麻婆豆腐

加熱方法

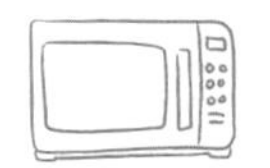
微波爐 OK

電鍋 OK

瓦斯爐 OK

▷ 詳細加熱說明見 P.17

調理包保存

▷ 每袋（330g±10%）可製作 4 袋

▷ 冷藏保存 3 至 5 天

材料 INGREDIENTS

食材 A

板豆腐	800g
豬絞肉	200g

食材 B

紅辣椒	30g
青蔥	30g
蒜頭（去皮）	20g

調味料 A

玉米粉	50g
水	100g

調味料 B

橄欖油	75g

調味料 C

辣豆瓣醬	100g
豆豉	5g
花椒粉	3g

調味料 D

醬油	30g
細砂糖	20g
米酒	20g
白胡椒粉	3g
水	250g
香油	20g

作法 STEP BY STEP

前置準備

1. 板豆腐切丁；紅辣椒、青蔥、蒜頭切末，備用。
2. 調味料 A 拌勻即成玉米粉水，後續勾芡使用。

烹調組合

3. 橄欖油倒入鍋中加熱，以小火炒香調味料C，再加入豬絞肉及食材B，炒香。
4. 接著加入調味料D，轉中火煮滾，加入豆腐丁續煮約2分鐘。
5. 最後倒入玉米粉水勾芡煮滾，關火待涼。

冷卻分裝

6. 麻婆豆腐完全冷卻，再分裝成4袋，封口後放入冰箱冷藏保存。

TIPS

▷ 豆腐可先用熱水加鹽汆燙過再烹調，可去除豆腥味。

▷ 因爲豆腐容易出水，勾芡時可以將玉米粉水分成 2 至 3 次倒入鍋中，可讓麻婆豆腐整體更入味。

▷ 花椒粉可使用花椒粒烤過後放入調理機打成粉末，味道更香濃。

▷ 豆腐料理容易出水，所以不建議冷凍保存，宜冷藏可保存 3 至 5 天。

▷ 調理包加熱時，可加入少許青蔥末、花椒粉點綴及增加香氣。

蛋豆類

雪菜豆皮捲

加熱方法

微波爐 OK

電鍋 OK

瓦斯爐 OK

▷ 詳細加熱說明見 P.17

調理包保存

▷ 每袋（190g±10%）可製作 4 袋

▷ 冷凍保存 30 天

材料 INGREDIENTS

食材 A

- 生豆皮 300g
- 中筋麵粉 75g
- 水 100g

食材 B

- 豬肉絲 100g
- 雪裡紅 150g
- 紅蘿蔔（去皮） 75g
- 乾香菇 50g

調味料 A

- 玉米粉 25g
- 水 50g

調味料 B

- 鹽 5g
- 細砂糖 20g
- 素蠔油 30g
- 白胡椒粉 3g
- 米酒 20g
- 香油 10g

調味料 C

- 橄欖油 100g

調味料 D

- 粗粒黑胡椒 5g
- 素蠔油 35g
- 細砂糖 20g
- 香菇粉 5g
- 水 150g
- 香油 10g

作法 STEP BY STEP

前置準備

1. 雪裡紅切段；紅蘿蔔切絲；乾香菇泡水後切絲，備用。
2. 中筋麵粉加水拌勻成麵糊；調味料A拌勻即成玉米粉水，後續勾芡使用。
3. 將食材B放入滾水中，以中火汆燙約3分鐘，瀝乾水分後和調味料B拌勻成餡料。

包捲煎熟

4. 生豆皮攤開後鋪上適量餡料，上端1/4處抹上少許麵糊，再捲成圓柱狀。
5. 橄欖油倒入鍋中加熱，放入包好的豆皮捲，以小火煎至定型兩面微金黃，盛盤備用。
6. 利用煎豆皮捲的鍋子放入調味料D，以中火煮滾，再倒入玉米粉水勾芡煮滾，淋入雪菜豆皮捲，待涼。

冷卻分裝

7. 雪菜豆皮捲完全冷卻，再分裝成4袋，封口後放入冰箱冷凍保存。

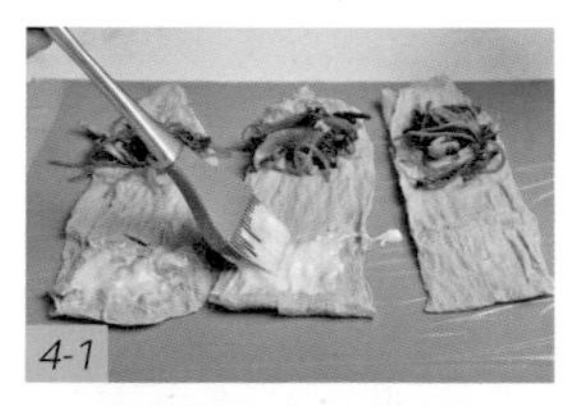
4-1

4-2

4-3

5

6-1

6-2

TIPS

- ▷ 包餡完成的豆皮捲也可以蒸熟，透過底鍋的糖、茶葉做成煙燻豆皮捲。
- ▷ 調理包加熱後盛盤，食用時可沾少許美乃滋或胡椒鹽，風味更佳。

蛋豆類

麻辣豆乾

加熱方法

微波爐 OK　電鍋 OK　瓦斯爐 OK

▷ 詳細加熱說明見 P.17

調理包保存

▷ 每袋（450g±10%）可製作 4 袋

▷ 冷凍保存 30 天

材料 INGREDIENTS

食材 A

五香豆乾丁	1800g

食材 B

老薑	15g
紅辣椒	30g
八角	10g

調味料 A

橄欖油	200g

調味料 B

二砂糖	300g
醬油	300g
米酒	150g
辣椒醬	75g
沙茶醬	15g

作法 STEP BY STEP

前置準備

1 五香豆乾丁用冷開水洗淨後瀝乾水分。

2 老薑切片；紅辣椒切段，備用。

烹調組合

3 橄欖油倒入鍋中加熱，以小火炒香老薑，再放入八角、紅辣椒，繼續炒香。

4 接著倒入調味料B，轉中火煮滾後轉小火，蓋上鍋蓋燜煮約30分鐘入味，關火待涼。

冷卻分裝

5 麻辣豆乾完全冷卻，再分裝成4袋，封口後放入冰箱冷凍保存。

TIPS

▷ 滷好的豆乾可淋入 30g 香油，提香及去除豆腥味。

▷ 辣椒醬以紅油辣椒醬爲佳，味道較爲香濃。

▷ 食用時可搭配適量 P.40 鼓汁蒸排骨、P.80 和風涼拌干貝、P.98 油醋拌彩椒，以及 1 碗米飯，即是營養均衡的餐點。

蛋豆類

芋香豆皮捲

加熱方法

微波爐 OK

電鍋 OK

瓦斯爐 OK

▷ 詳細加熱說明見 P.17

調理包保存

▷ 每袋（360g±10%）可製作 4 袋

▷ 冷凍保存 30 天

材料 INGREDIENTS

食材 A

生豆皮	300g
中筋麵粉	75g
冷水	100g

食材 B

芋頭（去皮）	300g
紅蘿蔔（去皮）	150g

食材 C

鳳梨片	150g
洋蔥（去皮）	150g
彩色小番茄	150g

調味料 A

橄欖油	100g

調味料 B

番茄醬	200g
白醋	100g
細砂糖	100g
水	75g
香油	30g

作法 STEP BY STEP

前置準備

1. 芋頭、紅蘿蔔切成長5×寬1公分的條狀；鳳梨片、洋蔥切丁；彩色小番茄切半，備用。
2. 食材 A 的中筋麵粉和水拌勻成麵糊。
3. 芋頭、紅蘿蔔放入電鍋內鍋，外鍋倒入0.5量米杯水，蒸至開關跳起，取出備用。

包捲煎熟

4. 生豆皮攤開後鋪上適量芋頭、紅蘿蔔，上端1/4處抹上少許麵糊，再捲成圓柱狀。
5. 橄欖油倒入鍋中加熱，放入包好的豆皮捲，以小火煎至定型兩面微金黃。
6. 接著加入食材C及調味料B，轉中火煮滾，蓋上鍋蓋燜煮約3分鐘至熟，關火待涼。

冷卻分裝

7. 芋香豆皮捲完全冷卻，再分裝成 4 袋，封口後放入冰箱冷凍保存。

TIPS

- 豆皮捲鋪平後可撒上少許麵粉，再包入芋頭、紅蘿蔔條，較不容易散開。
- 煮好的醬汁若太多，也可以另外用真空袋封口後放入冰箱冷凍，之後可以加入菜餚中烹調。

4-1

4-2

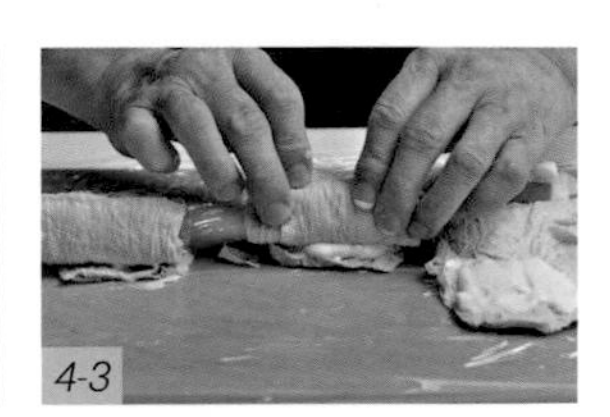
4-3

5

6-1

6-2

蛋豆類

金沙苦瓜

加熱方法

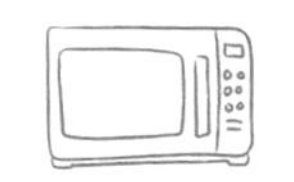

微波爐 OK

電鍋 OK

瓦斯爐 OK

▷ 詳細加熱說明見 P.17

調理包保存

▷ 每袋（170g±10%）可製作 4 袋

▷ 冷凍保存 30 天

材料 INGREDIENTS

食材 A

苦瓜 …… 600g

鹹蛋 …… 190g（3 顆）

食材 B

蒜頭（去皮）…… 20g

紅辣椒 …… 15g

青蔥 …… 10g

調味料 A

橄欖油 …… 75g

調味料 B

鹽 …… 5g

細砂糖 …… 20g

香菇粉 …… 5g

水 …… 30g

米酒 …… 15g

香油 …… 5g

作法 STEP BY STEP

前置準備

1. 苦瓜剖半去籽後切片；鹹蛋去殼切半，蛋白切丁、蛋黃切末。
2. 蒜頭切末；紅辣椒切成圈狀；青蔥切末，備用。

烹調組合

3. 苦瓜片放入滾水中，以中火汆燙2至3分鐘，瀝乾水分備用。
4. 橄欖油倒入鍋中加熱，放入蛋黃，以小火炒至發泡，再加入蒜末、紅辣椒、蛋白炒勻。
5. 接著加入調味料B、蔥末，拌炒均勻，關火待涼。

冷卻分裝

6. 金沙苦瓜完全冷卻，再分裝成4袋，封口後放入冰箱冷凍保存。

TIPS

▷ 苦瓜的囊籽務必去除乾淨，汆燙時可加入少許細砂糖，能減少苦味。

▷ 汆燙後的苦瓜也可以放入冰水中冰鎮，較能去除苦味及口感更清爽。

▷ 依個人喜好可在調味料 B 增加少許醬油，提升醬香味。

蛋豆類

金銀蛋菠菜

加熱方法

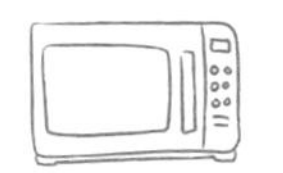

微波爐 OK　電鍋 OK　瓦斯爐 OK

▷ 詳細加熱說明見 P.17

調理包保存

▷ 每袋（200g±10%）可製作 4 袋

▷ 冷凍保存 15 天

材料 INGREDIENTS

食材

菠菜	1000g
鹹蛋	130g
煮熟皮蛋	130g
蒜頭（去皮）	50g

調味料 A

橄欖油	100g

調味料 B

鹽	10g
細砂糖	25g
米酒	50g
水	100g

作法 STEP BY STEP

前置準備

1. 菠菜切成4至5公分段；鹹蛋去殼切丁；皮蛋、蒜頭切丁，備用。
2. 鍋中加入橄欖油加熱，放入蒜頭，以小火炒至金黃，再放入鹹蛋、皮蛋炒香。
3. 接著加入菠菜及調味料B，轉中火煮滾，並拌炒至菠菜熟，關火待涼。

冷卻分裝

4. 金銀蛋菠菜完全冷卻，再分裝成4袋，封口後放入冰箱冷凍保存。

TIPS

▷ 菠菜可依喜好換成娃娃菜或莧菜。

▷ 炒菠菜的火候必須足夠，宜用中火或大火，才能去除菠菜中的澀味。

▷ 皮蛋放入電鍋中，外鍋倒入 1/2 量米杯水，蒸至開關跳起即可。

湯品

人參糯米雞湯

加熱方法

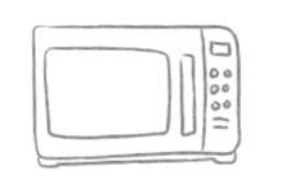

微波爐 OK　電鍋 OK　瓦斯爐 OK

▷詳細加熱說明見 P.17

調理包保存

▷每袋（650g±10%）可製作 4 袋

▷冷凍保存 30 天

材料 INGREDIENTS

食材

去骨雞腿 1000g

中薑 30g

蒜頭（去皮）50g

薏仁 75g

圓糯米 75g

小米 20g

中藥材

紅棗 50g

人參 35g

枸杞 15g

調味料

鹽 6g

細砂糖 5g

香菇粉 2g

米酒 25g

水 1500g

作法 STEP BY STEP

前置準備

1 雞腿切塊；中薑切片，備用。圓糯米、薏仁泡水1小時至軟，瀝乾。

烹調組合

2 雞腿放入滾水中，以中火汆燙3分鐘，撈起後放入冷水中洗淨，瀝乾水分。

3 將所有食材、中藥材和調味料放入容器中，放入電鍋，外鍋倒入2量米杯水，蒸至開關跳起，取出待涼。

冷卻分裝

4 人參糯米雞湯完全冷卻，再分裝成4袋，封口後放入冰箱冷凍保存。

TIPS

▷圓糯米和薏仁必須泡軟再一起烹調，才不會影響蒸煮時間。

▷也可以用不鏽鋼蒸籠蒸熟，待底鍋水滾後轉小火，蒸約 40 分鐘至熟即可。

▷使用壓力鍋烹煮更方便又省時，大約 5 分鐘即完成。

湯品

香菇雞湯

加熱方法

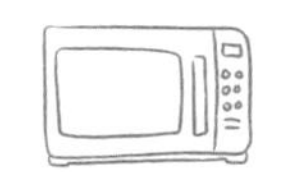

微波爐 OK

電鍋 OK

瓦斯爐 OK

▷ 詳細加熱說明見 P.17

調理包保存

▷ 每袋（600g±10%）可製作 4 袋

▷ 冷凍保存 30 天

材料 INGREDIENTS

食材

去骨雞腿	1000g
中薑	20g
乾香菇	30g
蒜頭（帶皮）	100g

中藥材

紅棗	50g
枸杞	15g

調味料

鹽	6g
細砂糖	5g
香菇粉	2g
米酒	25g
水	1500g

作法 STEP BY STEP

前置準備

1. 雞腿切塊；中薑切片，備用。

烹調組合

2. 雞腿放入滾水中，以中火汆燙3分鐘，撈起後放入冷水中洗淨，瀝乾水分。
3. 將所有食材、中藥材和調味料放入容器中，放入電鍋，外鍋倒入2量米杯水，蒸至開關跳起，取出待涼。

冷卻分裝

4. 香菇雞湯完全冷卻，再分裝成4袋，封口後放入冰箱冷凍保存。

TIPS

▷ 燉湯的乾香菇只要沖洗乾淨即可入鍋一起燉煮；若泡水太久，則容易讓香菇味流失。

▷ 乾香菇 1 朵約 3 至 5g，如果較大朵可以對切成兩小朵。

▷ 也可以用不鏽鋼蒸籠蒸熟，待底鍋水滾後轉小火，蒸約 40 分鐘至熟即可。

▷ 使用壓力鍋烹煮更方便又省時，大約 3 分鐘即完成。

▷ 調理包加熱時，可加入適量蛤蜊及蒜苗，能增加鮮味與香氣。

四神軟骨湯

加熱方法

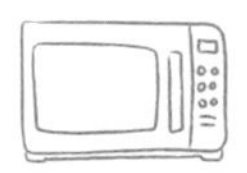

微波爐 OK

電鍋 OK

瓦斯爐 OK

▷ 詳細加熱說明見 P.17

調理包保存

- ▷ 每袋（650g±10%）可製作 4 袋
- ▷ 冷凍保存 30 天

材料 INGREDIENTS

食材 A

豬軟骨	800g
老薑	20g

食材 B

豬小腸	300g
中筋麵粉	150g
米酒	50g

中藥材 A

蓮子	50g
薏仁	150g
茯苓	50g
准山	50g
芡實	50g

中藥材 B

川芎	10g
當歸片	30g

調味料

鹽	6g
細砂糖	5g
香菇粉	2g
米酒	25g
水	1500g

作法 STEP BY STEP

前置準備

1 豬軟骨切塊；老薑切片，備用。

2 中藥材 A 泡水 1 小時至軟，瀝乾水分。

3 豬軟骨放入滾水中，以中火汆燙3分鐘，撈起後放入冷水中洗淨，瀝乾水分。

4 豬小腸用中筋麵粉、米酒拌勻後搓揉，去除表面雜質再放入滾水中，轉小火煮約10分鐘，瀝乾後切成約3公分小段。

烹調組合

5 將所有食材、中藥材和調味料放入容器中，放入電鍋，外鍋倒入2.5量米杯水，蒸至開關跳起，取出待涼。

冷卻分裝

6 四神軟骨湯完全冷卻，再分裝成4袋，封口後放入冰箱冷凍保存。

▹ 可使用豬肚替代豬小腸，豬肚也需先用麵粉和米酒搓揉，洗淨後入滾水煮過。

▹ 在超市或傳統市場的豬肉商可買到已洗乾淨的豬小腸，可直接烹調，省略用麵粉和米酒清洗的程序。

▹ 起鍋前再加入 1 片當歸，燜約 10 分鐘，則味道更香濃。

▹ 也可以用不鏽鋼蒸籠蒸熟，待底鍋水滾後轉小火，蒸約 1 小時至熟即可。

▹ 使用壓力鍋烹煮更方便又省時，大約 8 至 10 分鐘即完成。

湯品

肉骨茶湯

加熱方法

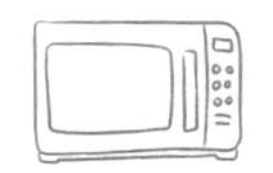

微波爐 OK

電鍋 OK

瓦斯爐 OK

▷ 詳細加熱說明見 P.17

調理包保存

▷ 每袋（600g±10%）可製作 4 袋

▷ 冷凍保存 30 天

材料 INGREDIENTS

食材

豬小排 …… 1000g

蒜頭（帶皮）…… 100g

乾香菇 …… 15g

中藥材

肉骨茶包 …… 75g（2 包）

枸杞 …… 5g

調味料

白胡椒粒 …… 5g

鹽 …… 3g

細砂糖 …… 10g

香菇粉 …… 2g

米酒 …… 25g

醬油 …… 10g

水 …… 1500g

作法 STEP BY STEP

前置準備

1 豬小排切塊後放入滾水中，以中火汆燙3分鐘，撈起後放入冷水中洗淨，瀝乾水分。

烹調組合

2 將所有食材、肉骨茶包、枸杞和調味料，放入容器中。

3 再放入電鍋，外鍋倒入2.5量米杯水，蒸至開關跳起，取出待涼。

冷卻分裝

4 肉骨茶湯完全冷卻，再分裝成4袋，封口後放入冰箱冷凍保存。

TIPS

▷ 也可以用不鏽鋼蒸籠蒸熟，待底鍋水滾後轉小火，蒸約 1 小時至熟即可。

▷ 使用壓力鍋烹煮更方便又省時，大約 8 至 10 分鐘即完成。

▷ 調理包加熱時，可隨喜好加入高麗菜、菇菌類、豬肚、豆皮、火鍋料，豐富的配料可變成美味的火鍋料理。

湯品

豬肉蔬菜味噌湯

加熱方法

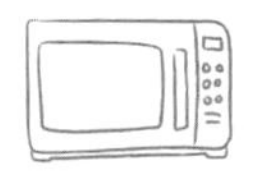

微波爐 OK

電鍋 OK

瓦斯爐 OK

▷ 詳細加熱說明見 P.17

調理包保存

▷ 每袋（650g±10%）可製作 4 袋

▷ 冷凍保存 30 天

材料 INGREDIENTS

食材 A

梅花豬肉片 300g

小魚乾 30g

食材 B

高麗菜 350g

新鮮香菇 150g

洋蔥（去皮） 150g

紅蘿蔔（去皮） 150g

白蘿蔔（去皮） 200g

食材 C

菠菜 150g

青蔥 10g

調味料 A

味噌 100g

水 1650g

調味料 B

柴魚粉 5g

醬油 5g

細砂糖 15g

米酒 25g

作法 STEP BY STEP

前置準備

1. 高麗菜、新鮮香菇切片；洋蔥、紅蘿蔔、白蘿蔔切片；菠菜切成小段；青蔥切末，備用。
2. 味噌和調味料A的150g水拌勻，剩餘1500g水留著烹調使用。

烹調組合

3. 洋蔥、紅蘿蔔、白蘿蔔和1500g水放入湯鍋，以中火煮滾後轉小火，續煮10分鐘。
4. 再加入高麗菜、新鮮香菇片和小魚乾，轉中火煮滾後轉小火，續煮3分鐘。
5. 接著加入拌勻的味噌水、調味料B、豬肉片，轉中火煮滾。
6. 最後加入菠菜、蔥末煮熟，關火待涼。

冷卻分裝

7. 豬肉蔬菜味噌湯完全冷卻，再分裝成4袋，封口後放入冰箱冷凍保存。

TIPS

▷ 味噌因廠牌口味有些許差異，調味時可依個人口味增減用量。

▷ 如果不想吃到味噌的顆粒感，可將味噌、水放入調理機中打成泥。

湯品

清燉牛肉湯

加熱方法

微波爐 OK

電鍋 OK

瓦斯爐 OK

▷ 詳細加熱說明見 P.17

調理包保存

▷ 每袋（750g±10%）可製作 4 袋
▷ 冷凍保存 30 天

材料 INGREDIENTS

食材

牛腱	1000g
紅蘿蔔（去皮）	350g
白蘿蔔（去皮）	800g
老薑	100g

調味料

鹽	6g
細砂糖	5g
香菇粉	2g
米酒	25g
水	1500g

作法 STEP BY STEP

前置準備

1. 牛腱切片；紅蘿蔔、白蘿蔔切塊；老薑切片，備用。
2. 牛腱放入滾水中，以中火汆燙1分鐘，撈起後放入冷水中洗淨，瀝乾水分。

烹調組合

3. 將所有食材、調味料放入容器中，再放入電鍋，外鍋倒入2.5量米杯水，蒸至開關跳起，取出待涼。

冷卻分裝

4. 清燉牛肉湯完全冷卻，再分裝成4袋，封口後放入冰箱冷凍保存。

TIPS

▷ 清燉牛肉使用牛腱，可減少油脂量。
▷ 如果喜歡藥膳口味，可加入 30g 當歸片、15g 桂皮、5g 川芎、5g 白胡椒粒一起烹煮。
▷ 也可以用不鏽鋼蒸籠蒸熟，待底鍋水滾後轉小火，蒸約 1 小時至熟即可。
▷ 使用壓力鍋烹煮更方便又省時，大約 8 至 10 分鐘即完成。
▷ 調理包加熱時，可加入適量薑絲、枸杞、香菜點綴及增加香氣。

湯品

菇菌牛肉芽湯

加熱方法

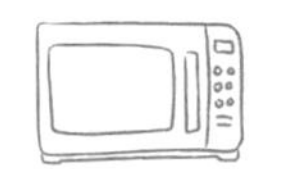
微波爐 OK

電鍋 OK

瓦斯爐 OK

▷ 詳細加熱說明見 P.17

調理包保存

▷ 每袋(600g±10%)可製作 4 袋
▷ 冷凍保存 30 天

材料 INGREDIENTS

食材 A

牛肉片 350g
中薑 75g
豆芽 150g

食材 B

海帶芽 20g
鴻喜菇 100g
美白菇 100g
金針菇 100g
新鮮香菇 100g
秀珍菇 100g

食材 C

青蔥 30g
枸杞 5g

醃料

玉米粉 15g
米酒 30g

調味料

水 1500g
鹽 6g
細砂糖 5g
香菇粉 2g
米酒 25g

作法 STEP BY STEP

前置準備

1 牛肉片和醃料拌勻，醃製 30 分鐘備用。

2 海帶芽泡水；鴻喜菇、美白菇、金針菇切除根部；新鮮香菇切片；中薑切絲；青蔥切末，備用。

烹調組合

3 調味料的水倒入湯鍋，以中火煮滾，再放入豆芽、薑絲煮滾，轉小火煮15分鐘。

4 接著放入食材B煮滾後轉小火，加入其他調味料，拌勻。

5 最後加入牛肉片，繼續煮約2分鐘，撒上蔥末、枸杞煮滾，關火待涼。

冷卻分裝

6 菇菌牛肉芽湯完全冷卻，再分裝成4袋，封口後放入冰箱冷凍保存。

TIPS

▷牛肉湯勿煮太久，以免牛肉老化。
▷牛肉片和玉米粉、米酒醃製，食用時口感較爲滑順。

湯品

泰式酸辣海鮮湯

加熱方法

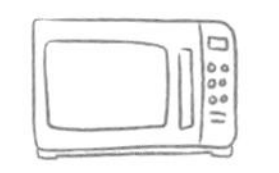
微波爐 OK

電鍋 OK

瓦斯爐 OK

▷ 詳細加熱說明見 P.17

調理包保存

▷ 每袋（500g±10%）可製作 4 袋

▷ 冷凍保存 30 天

材料 INGREDIENTS

食材 A

蝦仁	150g
花枝	300g
新鮮干貝	150g

食材 B

杏鮑菇	75g
草菇	75g
小番茄	100g

食材 C

南薑	30g
新鮮香茅	35g
紅蔥頭（去皮）	15g
紅辣椒	10g
檸檬葉	10g

調味料 A

水	1000g
椰漿	130g
檸檬汁	35g

調味料 B

冬陰功湯醬	150g
細砂糖	30g
魚露	10g
鹽	5g

作法 STEP BY STEP

前置準備

1 蝦仁切塊；花枝、新鮮干貝切丁，備用。

2 杏鮑菇切片；草菇、小番茄切半；南薑、香茅、紅蔥頭、紅辣椒切片，備用。

烹調組合

3 食材C放入湯鍋，加入調味料A的水，以中火煮滾後轉小火，續煮3分鐘，再加入調味料B拌勻。

4 接著加入食材 A、食材 B，續煮 3 分鐘，最後加入椰漿、檸檬汁煮 1 分鐘，關火待涼。

冷卻分裝

5 泰式酸辣海鮮湯完全冷卻，再分裝成4袋，封口後放入冰箱冷凍保存。

TIPS

▷ 製作成調理包的內容物不建議用帶殼的食材。

▷ 草蝦去殼後可以用沙拉油炒香煉煮，讓高湯風味更佳。

▷ 花枝可使用小花枝，不用切割直接與醬料一起烹調。

▷ 依個人口味可增減冬陰功湯醬及檸檬汁的比例，調整酸度。

▷ 如果買不到新鮮香茅，可選擇乾燥品約 7g 替代。

湯品

冬瓜枸杞魚湯

加熱方法

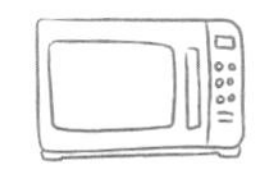
微波爐 OK

電鍋 OK

瓦斯爐 OK

▷ 詳細加熱說明見 P.17

調理包保存

▷ 每袋（650g±10%）可製作 4 袋

▷ 冷凍保存 30 天

材料 INGREDIENTS

食材

鱸魚菲力 800g
冬瓜（去皮） 600g
中薑 30g
鮑魚菇 150g

中藥材 A

當歸片 15g
北芪 15g
黨參 20g

中藥材 B

枸杞 10g

調味料

水 1500g
鹽 6g
細砂糖 5g
香菇粉 2g
米酒 25g

作法 STEP BY STEP

前置準備

1 鱸魚菲力切塊；冬瓜、中薑、鮑魚菇切片，備用。

烹調組合

2 調味料的水倒入湯鍋，以中火煮滾，再放入冬瓜和中藥材A，轉小火煮10分鐘。

3 接著放入中薑片、鮑魚菇和鱸魚菲力，以中火煮滾後轉小火煮 5 分鐘。

4 最後加入其他調味料和枸杞煮滾，關火待涼。

冷卻分裝

5 等待冬瓜枸杞魚湯完全冷卻，再分裝成4袋，封口後放入冰箱冷凍保存。

TIPS

▷魚湯的中藥材需要先煮過或蒸過，香氣才會釋放出來。

▷放入魚片時勿開大火，以免魚肉鬆散脫落。

▷北芪又稱爲黃芪，性溫、味道帶一點點甘甜，屬於補氣中藥材。

湯品

羅宋湯

加熱方法

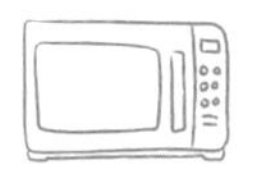

微波爐 OK

電鍋 OK

瓦斯爐 OK

▷ 詳細加熱說明見 P.17

調理包保存

▷ 每袋（850g±10%）可製作 4 袋

▷ 冷凍保存 30 天

材料 INGREDIENTS

食材A

- 牛腩 600g
- 培根 75g

食材B

- 馬鈴薯（去皮） 300g
- 紅蘿蔔（去皮） 300g
- 高麗菜 200g
- 小番茄 300g
- 西洋芹 75g
- 紅辣椒 10g
- 香菜 10g

食材C

- 洋蔥（去皮） 150g
- 蒜苗 75g
- 蒜頭（去皮） 50g

醃料

- 粗粒黑胡椒 10g

中藥材

- 白胡椒粒 5g
- 桂皮 10g
- 月桂葉 5g

調味料A

- 橄欖油 100g

調味料B

- 番茄醬 100g
- 鹽 6g
- 細砂糖 35g
- 米酒 50g
- 義大利綜合香料 3g
- 匈牙利紅椒粉 5g
- 香菇粉 6g
- 水 2500g

作法 STEP BY STEP

前置準備

1. 牛腩切塊，加入粗粒黑胡椒拌勻，醃製30分鐘備用。
2. 馬鈴薯、紅蘿蔔、高麗菜、洋蔥切塊；小番茄切半；西洋芹、紅辣椒、香菜、蒜苗切段，培根、蒜頭切片，備用。
3. 中藥材全部裝入滷包袋中，綁緊。

烹調組合

4. 橄欖油倒入鍋中加熱，放入牛腩、培根，以小火煎香，再加入食材C炒香。
5. 接著放入所有食材B、中藥包和調味料B，轉中火煮滾後轉小火，續煮1小時，撈除滷包，關火待涼。

冷卻分裝

6. 羅宋湯完全冷卻，再分裝成4袋，封口後放入冰箱冷凍保存。

1

3

4

5-1

5-2

5-3

TIPS

▷若不宜吃牛，可用梅花豬肉或排骨替代。

▷番茄醬可以炒完培根後再放入鍋中，如此培根味道較香、顏色較鮮豔。

湯品

馬鈴薯高麗菜鍋

加熱方法

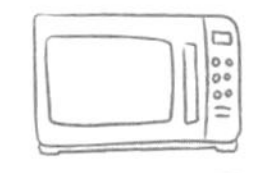
微波爐 OK

電鍋 OK

瓦斯爐 OK

▷ 詳細加熱說明見 P.17

調理包保存

▷ 每袋（620g±10%）可製作 4 袋

▷ 冷凍保存 30 天

材料 INGREDIENTS

食材 A

馬鈴薯（去皮）	600g
紅蘿蔔（去皮）	150g
洋蔥（去皮）	150g
蘑菇	75g
培根	50g

食材 B

高麗菜	300g
豬小里肌肉	300g

調味料 A

橄欖油	100g
動物性鮮奶油	75g
迷迭香	3g

調味料 B

鹽	6g
細砂糖	5g
奶粉	5g
香菇粉	2g
米酒	50g
粗粒黑胡椒	2g
義大利綜合香料	2g
水	1500g

作法 STEP BY STEP

前置準備

1. 馬鈴薯、紅蘿蔔、洋蔥、高麗菜切塊；蘑菇、培根、豬小里肌肉切片，備用。

烹調組合

2. 橄欖油倒入鍋中加熱，以小火炒香食材A，再加入豬小里肌肉，煎香。
3. 接著加入高麗菜、調味料 B，轉中火煮滾後轉小火，蓋上鍋蓋燜煮約 30 分鐘。
4. 再加入動物性鮮奶油、迷迭香煮 1 分鐘，關火待涼。

冷卻分裝

5. 馬鈴薯高麗菜鍋完全冷卻，再分裝成4袋，封口後放入冰箱冷凍保存。

TIPS

▷ 關火前可加入適量無鹽奶油或起司片，能增加奶香味。

▷ 馬鈴薯、紅蘿蔔切塊後可放入電鍋內鍋，外鍋倒入 0.5 量米杯水，蒸至開關跳起，可縮短烹調時間。

湯品

麻油猴頭菇湯

加熱方法

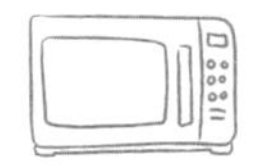
微波爐 OK

電鍋 OK

瓦斯爐 OK

▷ 詳細加熱說明見 P.17

調理包保存

▷ 每袋（500g±10%）可製作 4 袋

▷ 冷凍保存 30 天

材料 INGREDIENTS

食材

猴頭菇（乾品）	230g
老薑	150g

中藥材

枸杞	5g
紅棗	15g
黨參	15g
當歸片	15g
川芎	5g
桂枝	3g

調味料

胡麻油	75g
鹽	6g
細砂糖	5g
香菇粉	3g
百草粉	2g
米酒	600g
水	1000g

作法 STEP BY STEP

前置準備

1. 猴頭菇泡水脹發（約600g）後切小塊；老薑切片，備用。

烹調組合

2. 猴頭菇放入滾水中，以中火汆燙1分鐘，撈起後瀝乾。
3. 胡麻油倒入鍋中加熱，以小火炒香老薑片。
4. 再加入所有中藥材和調味料，轉中火煮滾後轉小火，續煮 20 分鐘，關火待涼。

冷卻分裝

5. 麻油猴頭菇湯完全冷卻，再分裝成4袋，封口後放入冰箱冷凍保存。

TIPS

▷ 關火前可加入少許胡麻油及米酒，提升料理香氣。

▷ 調理包加熱時，可依個人喜好加入適量松阪豬肉、高麗菜、菇菌類等，如同小火鍋，飽足又美味。

▷ 猴頭菇切成塊後，可加入適量蛋白、鮮奶、胡麻油、米酒、浸泡 1 小時後油炸（以 180°C油溫炸 3 分鐘），再烹調成湯品，則味道更佳。

湯品

蔬菜巧達湯

加熱方法

微波爐 OK　電鍋 OK　瓦斯爐 OK

▷ 詳細加熱說明見 P.17

調理包保存

- ▷ 每袋（750g±10%）可製作 4 袋
- ▷ 冷凍保存 30 天

材料 INGREDIENTS

食材A

- 馬鈴薯（去皮） 600g
- 紅蘿蔔（去皮） 300g
- 洋蔥（去皮） 300g
- 西洋芹 75g
- 新鮮香菇 100g
- 蘑菇 75g

食材B

- 高麗菜 300g
- 玉米醬 100g
- 玉米粒 100g

食材C

- 新鮮巴西里 10g
- 烤好的吐司丁 20g

調味料A

- 無鹽奶油 100g
- 中筋麵粉 80g

調味料B

- 橄欖油 100g
- 動物性鮮奶油 50g

調味料C

- 鹽 5g
- 細砂糖 10g
- 粗粒黑胡椒 2g
- 香菇粉 5g
- 水 1500g

作法 STEP BY STEP

前置準備

1. 馬鈴薯、紅蘿蔔、洋蔥、西洋芹、新鮮香菇、高麗菜切丁；蘑菇切片；巴西里切末，備用。
2. 無鹽奶油放入鍋中，以小火加熱煮至熔化，再加入中筋麵粉，用打蛋器攪拌均勻成麵糊。

烹調組合

3. 橄欖油倒入鍋中加熱，放入食材A，以小火炒香。
4. 再加入食材B、調味料C，轉中火煮滾後轉小火，續煮10分鐘。
5. 取150g麵糊放入作法4鍋中，炒勻成微稠狀。
6. 接著加入鮮奶油煮滾，最後撒上巴西里末、烤好的吐司丁，關火待涼。

冷卻分裝

7. 蔬菜巧達湯完全冷卻，再分裝成4袋，封口後放入冰箱冷凍保存。

2-1

2-2

3

5

6-1

6-2

TIPS

- 麵糊的無鹽奶油可使用市售香蔥油替代。
- 新鮮巴西里可換成乾燥品約2g。
- 烤好的吐司丁可以在加熱調理包時加入，口感較佳。
- 調理包加熱時，可依個人喜好加入適量培根、蝦仁、花枝、魚肉及貝類等，飽足又美味。

湯品

堅果南瓜濃湯

加熱方法

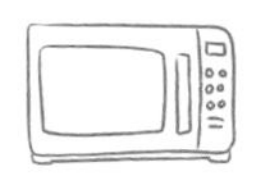
微波爐 OK

電鍋 OK

瓦斯爐 OK

▷ 詳細加熱說明見 P.17

調理包保存

▷ 每袋（600g±10%）可製作 4 袋

▷ 冷凍保存 30 天

材料 INGREDIENTS

食材 A

南瓜（去皮）	600g
紅蘿蔔（去皮）	300g
蘑菇	75g
蒜苗	75g
洋蔥（去皮）	150g

食材 B

堅果	75g

調味料 A

無鹽奶油	50g
中筋麵粉	30g

調味料 B

橄欖油	100g
動物性鮮奶油	150g

調味料 C

鹽	6g
細砂糖	5g
粗粒黑胡椒	2g
香菇粉	2g
水	1500g

調味料 D

百里香	5g
義大利綜合香料	2g

作法 STEP BY STEP

前置準備

1. 南瓜、紅蘿蔔、蘑菇、蒜苗切片；洋蔥切末，備用。
2. 無鹽奶油放入鍋中，以小火加熱煮至熔化，再加入中筋麵粉，用打蛋器攪拌均勻成麵糊。

烹調組合

3. 橄欖油倒入鍋中加熱，食材A放入鍋中，以小火炒香，再加入調味料C，轉中火煮滾後轉小火，續煮12分鐘，關火。
4. 接著倒入調理機中，攪打成泥後倒回鍋中，加入80g麵糊、動物性鮮奶油，轉小火煮成微稠狀。
5. 最後放入堅果和調味料 D 煮 1 分鐘，關火待涼。

冷卻分裝

6. 堅果南瓜濃湯完全冷卻，再分裝成4袋，封口後放入冰箱冷凍保存。

TIPS

▷ 濃湯的稠度可依個人喜好來決定麵糊量。

▷ 堅果可挑選喜歡的種類，加熱調理包時再加入，則口感更好。

▷ 可取適量蘑菇、蒜苗、培根用熔化的奶油炒熟，並加入少許黑胡椒粉、鹽調味，再放入加熱好的濃湯，能增加配料的豐富性。

Chapter 3

一包一餐 方便調理包

方便上班族、一人食用的料理，
以一包即飽足的概念設計餐點，
省時又方便。

麵食

紅醬焗烤通心麵

加熱方法

微波爐 NO

電鍋 OK

瓦斯爐 OK

▷ 詳細加熱說明見 P.17

調理包保存

▷ 每袋（480g±10%）可製作 4 袋

▷ 冷凍保存 30 天

材料、作法見下一頁

材料 INGREDIENTS

食材A

通心麵 240g
豬絞肉 350g
小熱狗 150g
雙色起司絲 150g

食材B

洋蔥（去皮） 150g
紅蘿蔔（去皮） 75g
西洋芹 75g
蒜頭（去皮） 50g

食材C

蒜苗 75g
蘑菇 75g

調味料A

玉米粉 100g
水 150g

調味料B

水 4000g
鹽 8g

調味料C

橄欖油 100g

調味料D

番茄醬 150g
義大利綜合香料 10g
匈牙利紅椒粉 15g
碎番茄（罐頭） 200g
粗粒黑胡椒 3g
紅酒 75g
水 200g
豬骨高湯 150g

作法 STEP BY STEP

前置準備

1. 洋蔥、紅蘿蔔、西洋芹切丁；蒜頭切末；蒜苗切斜段；蘑菇、小熱狗切片，備用。
2. 調味料A拌勻即成玉米粉水，後續烹調使用。
3. 調味料B的水倒入湯鍋，轉中火煮滾，放入鹽和通心麵，煮6至8分鐘，撈起後瀝乾，放涼。

製作紅醬

4. 橄欖油倒入鍋中加熱，放入豬絞肉、小熱狗和食材B，以小火炒香，再加入食材C炒約2分鐘。
5. 接著加入調味料D，轉中火煮滾，轉小火續煮約15分鐘，再倒入玉米粉水煮滾，即為紅醬，關火放涼。

組合烘烤

6. 將放涼的通心麵與紅醬各別分成 4 份，並準備 4 個鋁箔耐熱容器。

3-1

3-2

4-1

4-2

5-1

5-2

7 組合焗麵材料，由下到上依序放入適量通心麵、紅醬、起司絲於鋁箔耐熱容器中。

8 再放入以上下火180℃預熱好的烤箱，烤60至90秒鐘起司絲微上色，取出放涼。

7-1

7-2

7-3

冷卻分裝

9 紅醬焗烤通心麵完全冷卻，再分裝成4袋，封口後放入冰箱冷凍保存。

TIPS

▹紅醬可加入少許月桂葉或新鮮巴西里末一起烹煮，讓焗麵風味更佳。

▹如果買不到碎番茄罐頭，可用牛番茄切丁替代。

▹作法 8 烘烤時，不需將起司絲烤到完全上色，因之後復熱時會再加深。

▹調理包加熱後盛盤，可撒上少許巴西里末點綴及增加香氣。

▹高湯可購買市售品或是自製豬骨高湯，配方和作法見下方。

豬骨高湯

材料

豬大骨 1500g、洋蔥（去皮）300g、蒜苗 100g、蘋果 100g、水 4000g

作法

1 豬大骨放入滾水中，以中火汆燙約5分鐘，撈起後用冷水洗淨；洋蔥、蘋果切塊，蒜苗切5公分長段，備用。

2 將4000g水倒入湯鍋，放入豬大骨、洋蔥、蒜苗、蘋果，以大火煮滾後轉小火，續煮1.5小時，關火。

3 撈除所有食材，再用細篩網過濾雜質即為高湯（大約1500至2000g），放涼後依需要量分裝，封口後冷凍可保存30天。

TIPS

▹豬骨高湯適合做爲肉類料理的湯底或調味。

▹豬骨高湯可再加入 200g 雞骨架、200g 雞腳一起熬煮，能讓高湯更有膠質及香氣。

▹若使用壓力鍋提煉豬骨高湯，則上壓後約 25 分鐘即完成。

麵食

青醬義大利麵

加熱方法

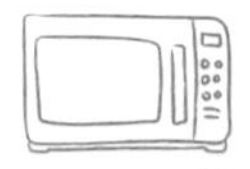

微波爐 OK

電鍋 OK

瓦斯爐 OK

▷ 詳細加熱說明見 P.17

調理包保存

- ▷ 每袋（280g±10%）可製作 4 袋
- ▷ 冷凍保存 30 天

材料 INGREDIENTS

食材A

義大利直麵 400g

食材B

九層塔 30g
新鮮巴西里 30g
蒜頭（去皮） 10g
鹹酥花生（去皮） 20g

食材C

培根 50g
新鮮香菇 100g
洋蔥（去皮） 150g
玉米筍 75g
小番茄 75g
蝦仁 150g

調味料A

水 4500g
鹽 10g

調味料B

鹽 10g
白胡椒粉 1g
起司粉 30g
橄欖油 100g

調味料C

橄欖油 30g
動物性鮮奶油 50g
無鹽奶油 30g

調味料D

鹽 5g
粗粒黑胡椒 3g

作法 STEP BY STEP

前置準備

1. 調味料A的水倒入湯鍋，轉中火煮滾，放入鹽和義大利直麵，煮8至10分鐘，撈起後放涼，留150g煮麵水後續調味使用。
2. 所有食材B、調味料B放入調理機中，攪打成泥狀即為青醬。
3. 培根切小片；新鮮香菇、洋蔥切絲；玉米筍切斜段；小番茄切半，備用。

烹調組合

4. 橄欖油倒入鍋中加熱，轉小火炒香培根和洋蔥，再加入香菇、玉米筍、小番茄和蝦仁，炒勻。
5. 將調味料D、150g煮麵水加入作法4鍋中，拌炒約1分鐘。
6. 接著加入青醬，轉中小火煮約2分鐘，最後加入鮮奶油、奶油煮1分鐘，關火待涼。

冷卻分裝

7. 青醬義大利麵完全冷卻，再分裝成 4 袋，封口後放入冰箱冷凍保存。

TIPS

- 製作青醬可加入 5g 新鮮檸檬汁，讓青醬顏色更爲鮮豔。
- 煮義大利麵建議用湯鍋煮，水量一定要超過麵條，以放射狀放入麵條。
- 建議 100g 的義大利麵可用 1000g 的水烹煮。
- 青醬義大利麵配料可依個人喜愛加入去殼蛤蜊、花枝、干貝、雞肉等。
- 若特別喜歡吃青醬，可以多準備一些並分裝眞空後放入冰箱保存，可冷凍 30 天。
- 新鮮巴西里可換成乾燥品約 6g。

麵食

櫛瓜米形麵

加熱方法

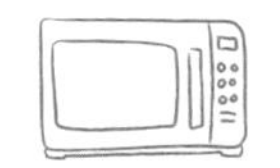
微波爐 OK

電鍋 OK

▷ 詳細加熱說明見 P.17

調理包保存

▷ 每袋（380g±10%）可製作 4 袋

▷ 冷凍保存 30 天

材料 INGREDIENTS

食材 A

義大利米形麵	380g
去骨雞腿	300g
新鮮干貝	150g
蝦仁	150g

食材 B

櫛瓜	100g
洋蔥（去皮）	150g
蘑菇	75g
鴻喜菇	75g

調味料 A

鹽	5g
水	3000g

調味料 B

橄欖油	100g
動物性鮮奶油	100g
無鹽奶油	20g

調味料 C

鹽	5g
細砂糖	20g
粗粒黑胡椒	3g
義大利綜合香料	3g

作法 STEP BY STEP

前置準備

1. 調味料A的水倒入湯鍋，轉中火煮滾，放入鹽和米形麵，煮6至8分鐘，撈起後放涼，留100g煮麵水後續調味使用。
2. 雞腿、新鮮干貝、蝦仁、櫛瓜、洋蔥切丁；蘑菇切片；鴻喜菇切除根部，備用。

烹調組合

3. 橄欖油倒入鍋中加熱，轉小火煎香雞腿肉，先推至鍋子一邊，再放入洋蔥、蘑菇和鴻喜菇，利用餘油炒香，接著加入干貝、蝦仁炒香。
4. 煮好的米形麵放入作法 3 鍋中，加入櫛瓜、調味料 C 和 100g 煮麵水，轉中火炒勻並煮滾。
5. 轉小火續煮 2 分鐘，最後加入鮮奶油、奶油煮 1 分鐘，關火待涼。

冷卻分裝

6. 櫛瓜米形麵完全冷卻，再分裝成4袋，封口後放入冰箱冷凍保存。

TIPS

▷ 動物性鮮奶油可使用鮮奶替代，但味道稍微偏淡。

▷ 調理包加熱後盛盤，可加入少許巴西里末、起司粉，增加香氣。

麵食

台式炒麵

加熱方法

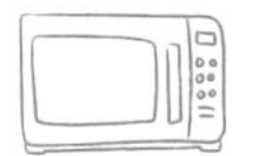
微波爐 OK

電鍋 OK

瓦斯爐 OK

▷ 詳細加熱說明見 P.17

調理包保存

▷ 每袋（350g±10%）可製作 4 袋
▷ 冷凍保存 30 天

材料 INGREDIENTS

食材 A

豬肉絲	150g
乾香菇	50g
開陽（蝦米）	10g
洋蔥（去皮）	150g
青蔥	50g

食材 B

高麗菜	200g
新鮮黑木耳	100g
紅蘿蔔（去皮）	75g
油麵	600g

醃料

鹽	3g
細砂糖	3g
米酒	20g
白胡椒粉	1g
香油	20g
玉米粉	5g

調味料 A

橄欖油	75g

調味料 B

鹽	5g
細砂糖	30g
白胡椒粉	3g
醬油	30g
醬油膏	30g
水	250g
香油	20g
油蔥酥	20g

作法 STEP BY STEP

前置準備

1. 豬肉絲和醃料拌勻，醃製10分鐘；乾香菇泡水軟後瀝乾水分，備用。
2. 乾香菇、洋蔥、高麗菜、黑木耳、紅蘿蔔切絲；青蔥切段，備用。

烹調組合

3. 橄欖油倒入鍋中加熱，以小火炒香食材A，再加入高麗菜、紅蘿蔔、黑木耳，拌炒3分鐘。
4. 接著加入調味料 B 和油麵，轉中火炒勻滾沸後轉小火，蓋上鍋蓋燜煮 3 分鐘，關火待涼。

冷卻分裝

5. 台式炒麵完全冷卻，再分裝成4袋，封口後放入冰箱冷凍保存。

TIPS

▷ 關火前可加入少許烏醋，能提升香氣。
▷ 開陽烹調前可以去除硬殼，能減少口感不佳。
▷ 因爲要眞空保存，所以炒麵時勿加入太多的水量，以免眞空後糊化。

麵食

乾炒牛河粉

加熱方法

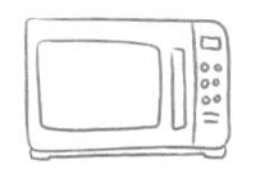

微波爐 OK　電鍋 OK　瓦斯爐 OK

▷ 詳細加熱說明見 P.17

調理包保存

▷ 每袋（400g±10%）可製作 4 袋

▷ 冷凍保存 30 天

材料 INGREDIENTS

食材 A

牛肉片 …… 150g
河粉 …… 900g

食材 B

洋蔥（去皮）…… 300g
乾香菇 …… 30g
中薑 …… 20g

食材 C

韭黃 …… 75g
豆芽 …… 100g

醃料

鹽 …… 2g
細砂糖 …… 2g
白胡椒粉 …… 1g
米酒 …… 20g
玉米粉 …… 10g
香油 …… 15g

調味料 A

橄欖油 …… 75g

調味料 B

醬油 …… 50g
蠔油 …… 30g
細砂糖 …… 20g
香油 …… 10g
水 …… 75g

TIPS

▷ 如果買到整塊的牛肉，則需要逆紋切割，食用時口感較佳。

▷ 調理包加熱後盛盤，可加入少許香菜、熟白芝麻點綴及增加香氣。

作法 STEP BY STEP

前置準備

1 牛肉片和醃料拌勻，醃製 15 分鐘；乾香菇泡水軟後瀝乾，備用。

2 河粉切成條狀；洋蔥、乾香菇、中薑切絲；韭黃切段，備用。

烹調組合

3 橄欖油倒入鍋中加熱，以小火炒熟牛肉片，盛起。

4 將洋蔥放入作法 3 鍋中，利用餘油小火炒軟，再加入香菇絲、薑絲炒香，接著放入河粉炒軟。

5 再加入調味料 B，轉中火炒勻及滾沸，最後加入牛肉、韭黃、豆芽炒約 3 分鐘，關火待涼。

冷卻分裝

6 乾炒牛肉河粉完全冷卻，再分裝成4袋，封口後放入冰箱冷凍保存。

麵食

客家炒粄條

加熱方法

微波爐 OK

電鍋 OK

瓦斯爐 OK

▷ 詳細加熱說明見 P.17

調理包保存

▷ 每袋（380g±10%）可製作 4 袋

▷ 冷凍保存 30 天

材料 INGREDIENTS

食材 A

豬肉絲	150g
粄條	900g
韭黃	75g
豆芽	100g

食材 B

乾香菇	75g
紅蘿蔔（去皮）	100g
青蔥	50g
開陽（蝦米）	5g

醃料

鹽	2g
細砂糖	2g
白胡椒粉	1g
米酒	20g
玉米粉	10g
香油	15g

調味料 A

橄欖油	75g

調味料 B

醬油	50g
香菇素蠔油	35g
細砂糖	20g
香油	10g
油蔥酥	20g
水	100g

作法 STEP BY STEP

前置準備

1. 豬肉絲和醃料拌勻，醃製 15 分鐘；乾香菇泡水軟後瀝乾，備用。
2. 粄條切成條狀；乾香菇、紅蘿蔔切絲；韭黃、青蔥切段，備用。

烹調組合

3. 橄欖油倒入鍋中加熱，以小火炒豬肉絲，盛起。
4. 將食材 B 放入作法 3 鍋中，利用餘油小火炒香，再加入粄條炒軟。
5. 接著加入調味料B，轉中火炒勻及滾沸，最後加入豬肉絲、韭黃、豆芽炒約 3 分鐘，關火待涼。

冷卻分裝

6. 客家炒粄條完全冷卻，再分裝成 4 袋，封口後放入冰箱冷凍保存。

TIPS

▷ 豬肉絲可換成豬五花肉切絲代替，因爲五花肉較有油脂，炒香所釋出的油脂更有香氣，油蔥酥也可使用市售客家豬油紅蔥醬替代。

▷ 客家粄條一般是加綠韭菜，但因需冷卻眞空保存，所以用韭黃代替，顏色較不易失去光澤。

麵食

星洲炒米粉

加熱方法

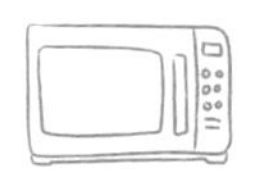
微波爐 OK

電鍋 OK

瓦斯爐 OK

▷ 詳細加熱說明見 P.17

調理包保存

- ▷ 每袋（350g±10%）可製作 4 袋
- ▷ 冷凍保存 30 天

材料 INGREDIENTS

食材 A

- 米粉 …… 300g
- 雞蛋 …… 100g（2 顆）

食材 B

- 乾香菇 …… 15g
- 洋蔥（去皮）…… 300g
- 紅辣椒 …… 20g

食材 C

- 青椒 …… 150g
- 叉燒肉 …… 150g
- 韭黃 …… 75g
- 蝦仁 …… 150g
- 豆芽 …… 100g

調味料 A

- 橄欖油 …… 75g

調味料 B

- 咖哩粉 …… 50g
- 鹽 …… 5g
- 細砂糖 …… 20g
- 醬油 …… 20g
- 水 …… 100g
- 香油 …… 10g

TIPS

▷ 米粉汆燙後再燜，口感較爲 Q 彈。

▷ 可取約 5g 薑黃粉和咖哩粉一起加入調味，增加黃色濃度。

▷ 雞蛋可以先用不沾鍋煎成蛋皮後切成絲，再與米粉一起拌炒。

▷ 炒米粉過程中若覺得太乾，可再加入少許冷開水燜煮。

▷ 調理包加熱後盛盤，可加入少許香菜、熟白芝麻點綴及增加香氣。

作法 STEP BY STEP

前置準備

1 米粉放入滾水中，以中火汆燙約3分鐘，撈起後放入容器中，再用鍋蓋或平盤覆蓋米粉；雞蛋去殼後在容器中打散。

2 乾香菇泡水軟後切絲；洋蔥、紅辣椒、青椒、叉燒肉切絲；韭黃切段，備用。

烹調組合

3 橄欖油倒入鍋中加熱，以小火炒蛋液至半凝固。

4 再放入食材B炒香，接著加入食材C，繼續炒熟。

5 將米粉、調味料B加入作法4中，轉中火炒勻並滾沸，轉小火後蓋上鍋蓋，燜煮約4分鐘至水分微收乾，關火待涼。

冷卻分裝

6 星洲炒米粉完全冷卻，再分裝成 4 袋，封口後放入冰箱冷凍保存。

1

3

4-1

4-2

5-1

5-2

麵食

歐爸辣炒年糕

加熱方法

微波爐 OK

電鍋 OK

瓦斯爐 OK

▷ 詳細加熱說明見 P.17

調理包保存

▷ 每袋（480g±10%）可製作 4 袋
▷ 冷凍保存 30 天

材料 INGREDIENTS

食材 A

去骨雞腿 300g
洋蔥（去皮） 300g
青蔥 30g
蒜頭（去皮） 20g

食材 B

韓式年糕 600g
韓式泡菜（P.84） 200g
豆芽 100g

調味料 A

橄欖油 75g

調味料 B

韓國辣椒醬 75g
細砂糖 10g
醬油 7g
韓國辣椒粉 5g
水 500g
香油 10g

作法 STEP BY STEP

前置準備

1 雞腿切小塊；洋蔥切絲；青蔥切段；蒜頭切片，備用。

烹調組合

2 橄欖油倒入鍋中加熱，以小火煎香雞腿肉後推至鍋子一邊，另一邊利用餘油炒香洋蔥、蔥段、蒜片，盛盤。

3 調味料 B 倒入另一鍋中，轉中火煮滾，再加入食材 B 及作法 2 炒好的食材，炒勻。

4 轉小火煮8分鐘至年糕變軟，關火待涼。

冷卻分裝

5 歐爸辣炒年糕完全冷卻，再分裝成4袋，封口後放入冰箱冷凍保存。

TIPS

▷ 年糕必須煮到變軟 Q，才可關火。
▷ 無法吃辣者，則韓式辣椒粉和辣椒醬可依個人口味酌量減少。
▷ 如果使用材質較佳的不沾鍋煎雞腿，則不需放橄欖油，只要將雞皮朝下煎至金黃色即可。
▷ 調理包加熱後盛盤，可加入少許青蔥末、香菜點綴及增加香氣。

麵食

芋頭米粉湯

調理包保存

- 每袋米粉料（320g±10%）可製作 4 袋
  每袋湯汁（330g±10%）可製作 4 袋
- 冷凍保存 30 天

材料 INGREDIENTS

食材 A

米粉	300g
芋頭（去皮）	600g
豬肉絲	250g

食材 B

乾香菇	40g
青蔥	30g
蒜苗	35g
蒜頭（去皮）	20g
紅蔥頭（去皮）	20g
開陽（蝦米）	10g

調味料 A

橄欖油	150g

調味料 B

鹽	15g
細砂糖	20g
白胡椒粉	3g
豬骨高湯	400g
水	1300g
香油	10g
油蔥酥	20g

加熱方法

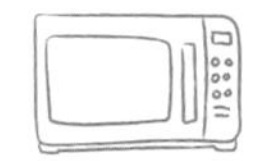

微波爐 OK

電鍋 OK

瓦斯爐 OK

▷ 詳細加熱說明見 P.17

作法 STEP BY STEP

前置準備

1 米粉、乾香菇分別泡水軟後瀝乾。

2 芋頭切小塊；青蔥、蒜苗切成斜段；蒜頭、紅蔥頭切片；乾香菇切絲，備用。

烹調組合

3 橄欖油倒入鍋中加熱，以小火煎香芋頭後盛出。

4 將食材 B 和豬肉絲放入作法 3 鍋中，利用餘油以小火炒香。

5 調味料 B 倒入另一鍋中，並加入芋頭和作法 4 炒好的食材，轉中火煮滾。

6 轉小火烹調 12 至 15 分鐘將芋頭煮至軟化，再加入米粉，續煮約 3 分鐘，關火待涼。

冷卻分裝

7 芋頭米粉湯完全冷卻，將米粉料、湯汁各別分成4袋，封口後放入冰箱冷凍保存。

TIPS

▷ 調理包加熱後盛盤，可加入少許芹菜末、香菜末點綴及增加香氣。

▷ 可加入少許豬油炒香食材 B 的辛香料，讓菜餚香氣更濃郁。

▷ 可依個人喜好，選擇有米香味較細的新竹米粉或口感較為順滑的埔里米粉。

▷ 芋頭必須煮至軟化，味道才會呈現出來。芋頭切塊後可放入保鮮盒，冷凍 1 天結凍後再烹調，能讓芋頭快速軟化。

▷ 高湯可購買市售品或是自製豬骨高湯，配方和作法見 P.165。

米飯

親子雞肉丼飯

調理包保存

- 每袋雞肉丼（600g±10%）可製作 4 袋
  每袋白飯（200g±10%）可製作 4 袋
- 冷凍保存 30 天

材料 INGREDIENTS

食材A

去骨雞腿 1200g
洋蔥（去皮） 600g
雞蛋 200g（4顆）

食材B

白飯 800g

調味料A

柴魚片 3g
水 440g

調味料B

清酒 125g
米酒 65g
薄鹽醬油 125g
細砂糖 65g
味醂 65g

調味料C

橄欖油 100g

TIPS

▷米飯沒吃完宜冷凍保存，因爲冷凍過的米飯，其澱粉老化速度較慢。一般冷凍溫度會低於 -18 ℃，復熱後的米飯，口感不會改變太大。

▷調理包加熱後盛盤，可加入少許青蔥末、七味粉點綴及增加香氣。

加熱方法

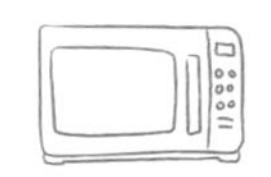
微波爐 OK

電鍋 OK

瓦斯爐 OK

▷詳細加熱說明見 P.17

作法 STEP BY STEP

前置準備

1 雞腿切塊；洋蔥切絲；雞蛋去殼後打散，備用。

2 調味料A放入湯鍋，以中火煮滾後轉小火，續煮2分鐘，關火後浸泡3分鐘，再撈除柴魚片，即成柴魚高湯。

烹調組合

3 柴魚高湯倒入鍋中，加入調味料B，以中火煮滾後關火，即是親子丼醬汁。

4 橄欖油倒入平底鍋加熱，以小火煎雞腿至兩面金黃，再加入洋蔥，炒香。

5 接著倒入親子丼醬汁，轉中火煮滾後轉小火，蓋上鍋蓋燜煮3至4分鐘。

6 淋入蛋液並拌勻，續煮至雞蛋全熟，關火待涼。

冷卻分裝

7 雞肉丼完全冷卻，再分裝成4袋，白飯也分裝成4袋，封口後放入冰箱冷凍保存。

3

4-1

4-2

5

6-1

6-2

米飯

麻油雞肉飯

加熱方法

微波爐 OK

電鍋 OK

瓦斯爐 OK

▷ 詳細加熱說明見 P.17

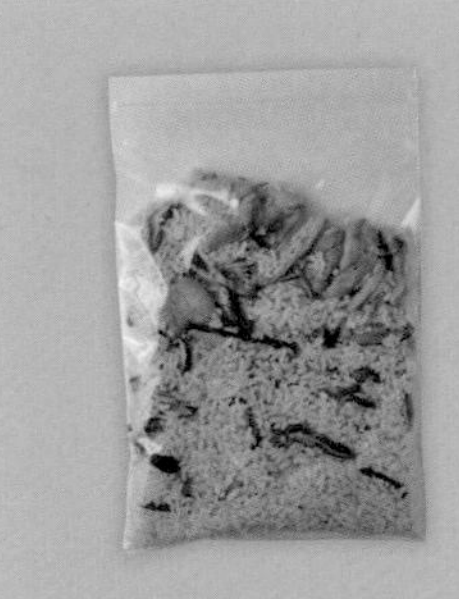

調理包保存

- ▷ 每袋（450g±10%）可製作 4 袋
- ▷ 冷凍保存 30 天

材料 INGREDIENTS

食材

去骨雞腿	600g
老薑	80g
乾香菇	75g
長糯米	600g

調味料 A

胡麻油	100g

調味料 B

米酒	150g
細砂糖	15g
白胡椒粉	5g
醬油	15g
水	450g

作法 STEP BY STEP

前置準備

1. 雞腿切塊；老薑切片；乾香菇泡水軟後切絲；長糯米洗淨後瀝乾水分，備用。

烹調組合

2. 胡麻油倒入鍋中加熱，以中小火炒香薑片，再放入香菇絲炒香。
3. 接著加入雞腿肉及調味料B，轉中火炒勻並煮滾，再倒入長糯米，拌勻後關火。
4. 將作法3材料倒入電鍋內鍋，外鍋加入1量米杯水，煮至開關跳起後燜10分鐘，取出待涼。

冷卻分裝

5. 麻油雞肉飯完全冷卻，再分裝成 4 袋，封口後放入冰箱冷凍保存。

TIPS

- ▷ 糯米和水的比例大約是 100g 糯米：80g 水量；如果是白米則比例約 1：1。
- ▷ 蒸好的麻油雞肉飯於起鍋前可加入大約 35g 胡麻油和 50g 米酒，拌一拌能增加香氣。

米飯

印度咖哩飯

調理包保存

- 每袋印度咖哩（500g±10%）可製作 4 袋
  每袋白飯（200g±10%）可製作 4 袋
- 冷凍保存 30 天

材料 INGREDIENTS

食材 A

去骨雞腿	600g
南瓜（帶皮）	300g
洋蔥（去皮）	300g
蘑菇	150g
小番茄	150g

食材 B

蒜頭（去皮）	30g
紅蔥頭（去皮）	30g
紅辣椒	20g

食材 C

白飯	800g

調味料 A

玉米粉	100g
水	150g

調味料 B

橄欖油	100g
椰漿	350g
無鹽奶油	20g

調味料 C

咖哩粉	50g
薑黃粉	15g
孜然粉	5g

調味料 D

鹽	10g
細砂糖	20g
水	800g

加熱方法

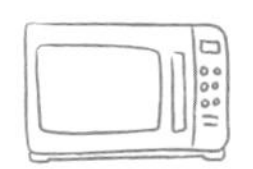
微波爐 OK

電鍋 OK

瓦斯爐 OK

▷ 詳細加熱說明見 P.17

作法 STEP BY STEP

前置準備

1 雞腿、南瓜、洋蔥、蘑菇切塊；小番茄切半；蒜頭、紅蔥頭、紅辣椒切末，備用。

2 調味料 A 拌勻即成玉米粉水，後續勾芡使用。

烹調組合

3 橄欖油倒入鍋中加熱，以小火煎香雞肉、南瓜，再放入洋蔥、蘑菇炒香。

4 接著放入食材B、調味料C，炒勻，再加入調味料D，轉中火煮滾後轉小火，續煮10分鐘。

5 再倒入椰漿、奶油、小番茄，續煮5分鐘，最後倒入玉米粉水勾芡煮滾，關火待涼。

冷卻分裝

6 印度咖哩完全冷卻，再分裝成 4 袋，白飯也分裝成 4 袋，封口後放入冰箱冷凍保存。

TIPS

▷ 調味料中可添加適量原味優格、肉桂、小荳蔻粉、辣椒粉提味。

▷ 部分咖哩粉可以咖哩塊取代，粉和塊一起烹煮則風味更佳。

▷ 食用時可搭配適量 P.86 黃金海帶芽、P.148 泰式酸辣海鮮湯，即成為東南亞風味餐點。

米飯

泰式綠咖哩飯

調理包保存

- 每袋泰式綠咖哩（400g±10%）可製作 4 袋
  每袋白飯（200g±10%）可製作 4 袋
- 冷凍保存 30 天

材料 INGREDIENTS

食材 A

豬梅花肉 300g
洋蔥（去皮） 300g
蒜頭（去皮） 15g
紅蔥頭（去皮） 15g
新鮮香茅 5g
紅辣椒 5g

食材 B

紅蘿蔔（去皮） 150g
馬鈴薯（去皮） 150g
杏鮑菇 75g

食材 C

白飯 800g

調味料 A

橄欖油 50g

調味料 B

綠咖哩醬 50g
椰漿 100g
花生粉 10g
細砂糖 15g
魚露 5g
水 600g

加熱方法

微波爐 OK

電鍋 OK

瓦斯爐 OK

▷ 詳細加熱說明見 P.17

作法 STEP BY STEP

前置準備

1 豬梅花肉切片；洋蔥、紅蘿蔔、馬鈴薯、杏鮑菇切塊，備用。

2 蒜頭、紅蔥頭切末；香茅、紅辣椒切斜片，備用。

烹調組合

3 橄欖油倒入鍋中加熱，以小火炒香食材A，再加入食材B拌炒均勻。

4 接著加入調味料B，轉中火煮滾後轉小火，續煮20分鐘，關火待涼。

冷卻分裝

5 泰式綠咖哩完全冷卻，再分裝成 4 袋，白飯也分裝成 4 袋，封口後放入冰箱冷凍保存。

TIPS

▷ 紅蘿蔔、馬鈴薯切約 3 公分塊烹調；若切太大塊，則較慢熟成。
▷ 作法 3 烹煮時，建議放入少許檸檬葉，增加香氣。
▷ 調理包加熱時，可加入少許九層塔點綴及增加香氣。

米飯

日式燒肉丼飯

調理包保存

- 每袋燒肉丼（420g±10%）可製作 4 袋
  每袋白飯（200g±10%）可製作 4 袋
- 冷凍保存 30 天

加熱方法

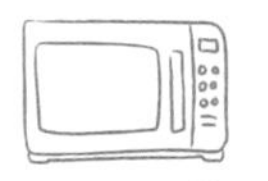
微波爐 OK

電鍋 OK

瓦斯爐 OK

▷ 詳細加熱說明見 P.17

材料 INGREDIENTS

食材

豬五花肉片	600g
洋蔥（去皮）	600g
白飯	800g

調味料

橄欖油	50g
親子丼醬汁（P.183）	600g

作法 STEP BY STEP

前置準備

1. 洋蔥切塊，準備親子丼醬汁。

烹調組合

2. 橄欖油倒入鍋中加熱，放入五花肉片、洋蔥，以小火炒香。
3. 再加入親子丼醬汁，轉中火煮滾後轉小火，煮2至3分鐘，關火待涼。

冷卻分裝

4. 燒肉丼完全冷卻，再分裝成 4 袋，白飯也分裝成 4 袋，封口後放入冰箱冷凍保存。

TIPS

- 豬肉可用牛肉替代。
- 洋蔥必須炒軟，能減少辛辣味。
- 調理包加熱後盛盤，可撒上少許青蔥末點綴及增加香氣。

米飯

蝦仁炒飯

加熱方法

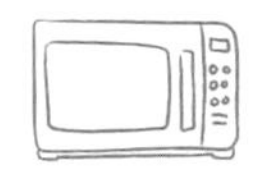
微波爐 OK

電鍋 OK

瓦斯爐 OK

▷ 詳細加熱說明見 P.17

調理包保存

▷ 每袋（320g±10%）可製作 4 袋

▷ 冷凍保存 30 天

材料 INGREDIENTS

食材 A

蝦仁	300g
青蔥	30g
雞蛋	100g（2 顆）
青豆仁	75g

食材 B

雞蛋	100g（2 顆）
白飯	800g

調味料 A

橄欖油	100g

調味料 B

鹽	5g
醬油	10g
白胡椒粉	3g

作法 STEP BY STEP

前置準備

1 青蔥切末；食材A的雞蛋去殼後倒入容器打散，備用。

2 食材B的雞蛋去殼後打散，和白飯拌勻成金黃色。

3 青豆仁放入滾水中，以中火汆燙1分鐘，撈起後瀝乾；將水再次煮滾，放入蝦仁，以中火汆燙2分鐘，撈起後瀝乾，備用。

烹調組合

4 橄欖油倒入鍋中加熱，放入食材A的蛋液，以小火炒香。

5 再加入蔥末、青豆仁、蝦仁和白飯炒勻，接著加入調味料B，炒勻且米飯均勻入味，關火待涼。

冷卻分裝

6 蝦仁炒飯完全冷卻，再分裝成 4 袋，封口後放入冰箱冷凍保存。

TIPS

▷ 白飯中拌入雞蛋，能讓米飯更爲金黃。

▷ 蝦仁炒飯中可依個人喜好加入適量培根、新鮮干貝等食材，一起烹調。

▷ 調理包加熱後，可搭配適量 P.24 義式烤雞翅、P.88 酸辣青木瓜、P.152 羅宋湯，即成美味的套餐。

米飯

鮭魚炒飯

加熱方法

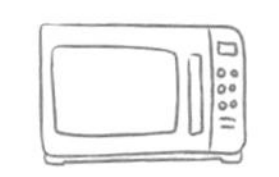
微波爐 OK

電鍋 OK

瓦斯爐 OK

▷ 詳細加熱說明見 P.17

調理包保存

▷ 每袋（270g±10%）可製作 4 袋

▷ 冷凍保存 30 天

材料 INGREDIENTS

食材 A

鮭魚 …… 150g
洋蔥（去皮）…… 75g
青蔥 …… 30g
雞蛋 …… 100g（2 顆）

食材 B

白飯 …… 800g

調味料 A

橄欖油 …… 100g

調味料 B

鹽 …… 5g
醬油 …… 10g
白胡椒粉 …… 3g

作法 STEP BY STEP

前置準備

1 鮭魚切丁；洋蔥、青蔥切末；雞蛋去殼後打散，備用。

烹調組合

2 橄欖油倒入鍋中加熱，放入蛋液，以小火炒勻，再加入鮭魚、洋蔥末、蔥末炒香。

3 接著放入白飯及調味料B，炒勻且米飯均勻入味，關火待涼。

冷卻分裝

4 鮭魚炒飯完全冷卻，再分裝成 4 袋，封口後放入冰箱冷凍保存。

TIPS

▷ 鮭魚可換成煙燻鮭魚片並切丁，拌炒好的飯能添加淡淡煙燻香氣。

▷ 食用時可搭配適量 P.104 白酒果醋紫高麗、P.126 麻辣豆乾、P.136 香菇雞湯，即成美味的套餐。

米飯

冬陰功炒飯

加熱方法

微波爐 OK

電鍋 OK

瓦斯爐 OK

▷ 詳細加熱說明見 P.17

調理包保存

▷ 每袋（380g±10%）可製作 4 袋
▷ 冷凍保存 30 天

材料 INGREDIENTS

食材 A

蝦仁 …… 200g
新鮮干貝 …… 200g
雞蛋 …… 100g（2 顆）
白飯 …… 800g

食材 B

青蔥 …… 30g
蒜頭（去皮）…… 15g
蒜苗 …… 30g
小番茄 …… 100g
青豆仁 …… 75g

食材 C

小番茄 …… 100g

調味料 A

橄欖油 …… 100g
冬陰功湯醬 …… 50g
檸檬汁 …… 20g

調味料 B

細砂糖 …… 20g
鹽 …… 2g
白胡椒粉 …… 3g
魚露 …… 10g

作法 STEP BY STEP

前置準備

1. 新鮮干貝切小丁；青蔥、蒜頭切末；蒜苗切段；小番茄切半；雞蛋去殼後打散，備用。
2. 蝦仁、干貝丁放入滾水，以中火火氽燙2分鐘，撈起後瀝乾。

烹調組合

3. 橄欖油倒入鍋中加熱，放入蛋液，以小火炒勻，再加入冬陰功醬炒香，接著加入食材B、蝦仁和干貝，炒勻。
4. 再加入調味料B、白飯、小番茄，炒勻且米飯均勻入味，最後加入檸檬汁快速炒勻，關火待涼。

冷卻分裝

5. 冬陰功炒飯完全冷卻，再分裝成 4 袋，封口後放入冰箱冷凍保存。

TIPS

▷ 炒飯中可加入少許香茅或紅辣椒粉，增加香氣。
▷ 冬蔭功湯醬有鹹味，所以烹調時可依個人喜好而增減量。
▷ 食用時可搭配適量 P.78 泰式涼拌花枝、P.88 酸辣青木瓜、P.148 泰式酸辣海鮮湯，就是充滿泰式風味的餐點。

米飯

蔬食燴飯

調理包保存

- 每袋蔬食燴料（480g±10%）可製作 4 袋
  每袋白飯（200g±10%）可製作 4 袋
- 冷凍保存 30 天

加熱方法

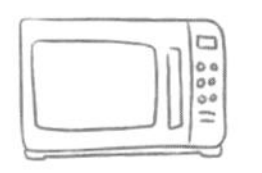

微波爐 OK

電鍋 OK

瓦斯爐 OK

▷ 詳細加熱說明見 P.17

材料 INGREDIENTS

食材 A

杏鮑菇	150g
新鮮香菇	150g
熟竹筍（去殼）	100g
素火腿	100g
蒟蒻	75g
素丸子	75g

食材 B

金針菇	75g
美白菇	100g
小番茄	100g
毛豆仁	75g

食材 C

中薑	30g
白飯	800g

調味料 A

玉米粉	100g
水	150g

調味料 B

橄欖油	100g
香油	30g

調味料 C

鹽	15g
細砂糖	20g
素蠔油	100g
香菇粉	10g
素沙茶醬	20g
白胡椒粉	3g
水	1000g

TIPS

▷燴飯配料中加入雞蛋，即可做成滑蛋蔬食燴飯。

▷食用時可搭配適量 P.98 油醋拌彩椒、P.114 四喜燒烤麩、P.128 芋香豆皮捲，即成美味的素餐點。

作法 STEP BY STEP

前置準備

1 食材A全部切接近尺寸的片狀；金針菇、美白菇切除根部；小番茄切半；中薑切片，備用。

2 調味料 A 拌勻即成玉米粉水，後續勾芡使用。

烹調組合

3 橄欖油倒入鍋中加熱，以小火炒香薑片，將切片的食材A加入鍋中，炒香。

4 再加入調味料 C，轉中火煮滾後轉小火，續煮 3 分鐘，接著放入食材 B 炒熟。

5 最後倒入玉米粉水勾芡煮滾，均勻淋入香油，關火待涼。

冷卻分裝

6 蔬食燴料完全冷卻，再分裝成4袋，白飯也分裝成4袋，封口後放入冰箱冷凍保存。

米飯

沙茶牛肉燴飯

調理包保存

- 每袋沙茶牛肉燴料（480g±10%）可製作 4 袋
  每袋白飯（200g±10%）可製作 4 袋
- 冷凍保存 30 天

材料 INGREDIENTS

食材A

牛肉片 300g
白飯 1200g

食材B

洋蔥（去皮） 300g
玉米筍 100g
青蔥 35g
熟竹筍（去殼） 150g
鮑魚菇 150g
中薑 35g
蒜頭（去皮） 30g
紅辣椒 20g

醃料

鹽 3g
醬油 3g
細砂糖 3g
米酒 10g
太白粉 3g
香油 15g

調味料A

玉米粉 100g
水 150g

調味料B

橄欖油 100g

調味料C

沙茶醬 75g
鹽 5g
細砂糖 20g
米酒 30g
蠔油 30g
白胡椒粉 3g
水 1000g

TIPS

▷牛肉烹煮時間勿太久，以免肉質老化乾柴而影響口感。

▷醬汁中可加入少許沙茶粉，能增加香氣。

▷食用時可搭配適量 P.56 紫蘇烤香魚、P.90 涼拌小黃瓜，以及 1 碗米飯，即是營養均衡又美味的餐點。

加熱方法

微波爐 OK

電鍋 OK

瓦斯爐 OK

▷詳細加熱說明見 P.17

作法 STEP BY STEP

前置準備

1 洋蔥切絲；玉米筍、青蔥切段；竹筍、鮑魚菇、中薑、蒜頭、紅辣椒切片，備用。

2 牛肉片和醃料拌勻，醃製 10 分鐘。

3 調味料A拌勻即成玉米粉水，後續勾芡使用。

烹調組合

4 橄欖油倒入鍋中加熱，放入食材B，以小火炒香。

5 再加入牛肉片和調味料 C，轉中火煮滾後轉小火，續煮 2 分鐘。

6 最後倒入玉米粉水勾芡煮滾，關火待涼。

冷卻分裝

7 沙茶牛肉燴料完全冷卻，再分裝成4袋，白飯也分裝成4袋，封口後放入冰箱冷凍保存。

2

4-1

4-2

5

6

7

米飯

起司海鮮燉飯

加熱方法

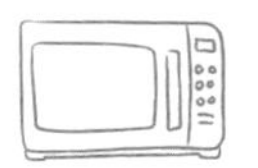
微波爐 OK

電鍋 OK

瓦斯爐 OK

▷ 詳細加熱說明見 P.17

調理包保存

▷ 每袋（500g±10%）可製作 4 袋

▷ 冷凍保存 30 天

材料 INGREDIENTS

食材 A

中卷	300g
新鮮干貝	350g
蝦仁	200g

食材 B

洋蔥（去皮）	300g
西洋芹	75g
蘑菇	100g
鴻喜菇	100g
白飯	800g

調味料 A

橄欖油	75g

調味料 B

鹽	5g
細砂糖	15g
粗粒黑胡椒	5g
海鮮高湯	400g
水	600g

調味料 C

動物性鮮奶油	100g
無鹽奶油	20g
起司粉	20g

作法 STEP BY STEP

前置準備

1 中卷切成圈狀；新鮮干貝切丁，備用。

2 洋蔥、西洋芹切丁；蘑菇切片；鴻喜菇切除根部，備用。

烹調組合

3 橄欖油倒入鍋中加熱，放入洋蔥，以小火炒香，再加入其他食材B炒勻且香味出來。

4 再倒入調味料B炒勻，轉中火煮滾後轉小火，續煮3分鐘，接著加入調味料C，再煮1分鐘，關火待涼。

冷卻分裝

5 起司海鮮燉飯完全冷卻，再分裝成 4 袋，封口後放入冰箱冷凍保存。

TIPS

▷ 關火前可加入少許起司粉或蝦夷蔥粒炒勻，能提升燉飯香氣。

▷ 可使用生米烹調，先將其他配料炒好後，和生米一起放入電鍋烹調。以 4 人份的生米（大約 300g），外鍋 1 量米杯水蒸至開關跳起，再燜 10分鐘即可，但高湯和水的總量大約 300g 即可。

▷ 燉飯加熱時，可撒上適量雙色起司絲後移入烤箱，以上下火 180°C烤約 8 分鐘成爲焗烤飯，變成另一種美味吃法。

▷ 高湯可購買市售品或是自製海鮮高湯，配方和作法見 P.210。

米飯

味噌蛤蜊炊飯

加熱方法

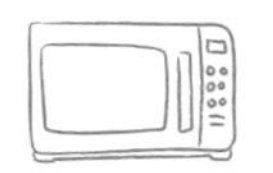
微波爐 OK

電鍋 OK

瓦斯爐 OK

▷ 詳細加熱說明見 P.17

調理包保存

▷ 每袋（350g±10%）可製作 4 袋

▷ 冷凍保存 30 天

材料 INGREDIENTS

食材 A

白米	300g
蛤蜊肉（去殼）	150g
青豆仁	35g

食材 B

白蘿蔔（去皮）	300g
洋蔥（去皮）	100g
蒜頭（去皮）	20g

食材 C

蘑菇	100g
鴻喜菇	100g

調味料 A

味噌	75g
水	50g

調味料 B

橄欖油	75g
無鹽奶油	30g
起司粉	15g

調味料 C

海鮮高湯	100g
水	150g
細砂糖	4g
白胡椒粉	3g

作法 STEP BY STEP

前置準備

1. 白蘿蔔切絲；洋蔥、蒜頭切末；蘑菇切片；鴻喜菇切除根部，備用。
2. 白米洗淨後瀝乾，放入耐蒸湯鍋；調味料A拌勻即成味噌水，備用。
3. 青豆仁放入滾水中，以中火汆燙1分鐘，撈起後瀝乾。

烹調組合

4. 橄欖油倒入鍋中加熱，放入食材B，以小火炒香，再加入蘑菇、鴻喜菇炒勻。
5. 接著加入拌勻的味噌水、調味料C，轉中火煮滾後倒入作法2裝白米的耐蒸湯鍋，並加入蛤蜊肉。
6. 將耐蒸湯鍋移入電鍋中，外鍋倒入1量米杯水，蒸至開關跳起再燜10分鐘，最後加入起司粉、青豆仁翻拌均勻，取出待涼。

冷卻分裝

7. 味噌蛤蜊炊飯完全冷卻，再分裝成 4 袋，封口後放入冰箱冷凍保存。

TIPS

▷ 食用時可依個人口味加入少許蔥末、魚卵、蝦卵，能豐富內容物。

▷ 可搭配適量 P.28 日式筑前煮、P.120 玉子燒、P.136 香菇雞湯，即成美味的餐點。

▷ 高湯可購買市售品或是自製海鮮高湯，配方和作法見 P.210。

米飯

皮蛋瘦肉粥

加熱方法

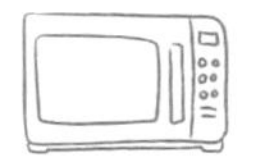
微波爐 OK

電鍋 OK

瓦斯爐 OK

▷ 詳細加熱說明見 P.17

調理包保存

▷ 每袋（460g±10%）可製作 4 袋

▷ 冷凍保存 30 天

材料 INGREDIENTS

食材 A

白米	150g
皮蛋	25g

食材 B

豬絞肉	300g
皮蛋	75g
嫩薑	25g

調味料 A

沙拉油	17g
鹽	5g

調味料 B

水	1000g
豬骨高湯	500g

調味料 C

鹽	7g
白胡椒粉	3g

作法 STEP BY STEP

前置準備

1. 白米洗淨後瀝乾，加入食材A的皮蛋、調味料A拌勻，放置約20分鐘入味。
2. 食材 B 的皮蛋切丁；嫩薑切末，備用。

烹調組合

3. 調味料B倒入鍋中，以中火煮滾後倒入作法1白米中，並加入豬絞肉、薑末，轉中火煮滾後轉小火，邊煮邊攪拌45至50分鐘呈現濃稠狀。
4. 再加入調味料C拌勻，接著加入皮蛋丁，續煮3分鐘，關火待涼。

冷卻分裝

5. 皮蛋瘦肉粥完全冷卻，再分裝成 4 袋，封口後放入冰箱冷凍保存。

TIPS

▷ 豬絞肉可以用鹽、米酒、白胡椒粉、香油拌勻後先醃製一晚，能使肉質更入味。豬絞肉可使用豬梅花肉或豬里肌肉替代。

▷ 白米和皮蛋、沙拉油先醃製 20 分鐘，是讓米與皮蛋結合，可以使皮蛋粥更美味。

▷ 粥底滾沸後務必不停地攪拌，以免黏鍋燒焦。

▷ 加熱粥品時，若發現湯汁變濃稠，則每袋可以加入 50 至 150g 的熱開水或熱高湯一起加熱。

▷ 調理包加熱後盛盤，可加入適量青蔥末、美生菜絲、油條一起食用，更能保留口感及香氣。

▷ 高湯可購買市售品或是自製豬骨高湯，配方和作法見 P.165。

米飯

香濃海鮮粥

加熱方法

微波爐 OK

電鍋 OK

瓦斯爐 OK

▷ 詳細加熱說明見 P.17

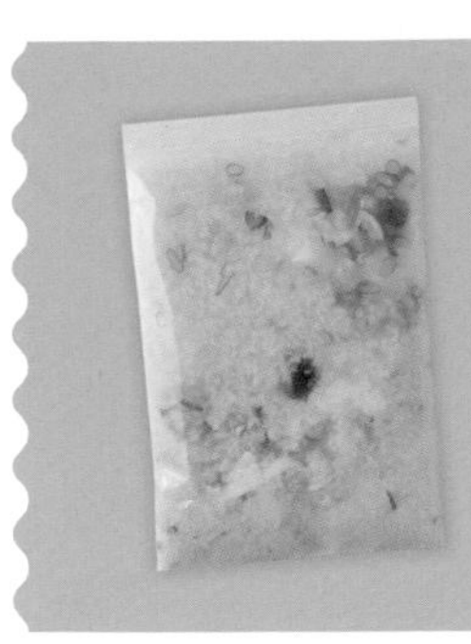

調理包保存

▷ 每袋（500g±10%）可製作 4 袋

▷ 冷凍保存 30 天

材料 INGREDIENTS

食材 A

白米	150g
皮蛋	25g

食材 B

中卷	150g
蝦仁	150g
蛤蜊肉（去殼）	50g
乾干貝	10g
中薑	25g

調味料 A

沙拉油	17g
鹽	5g

調味料 B

水	1000g
海鮮高湯	500g

調味料 C

鹽	7g
白胡椒粉	3g

調味料 D

無糖豆漿	75g

作法 STEP BY STEP

前置準備

1. 白米洗淨後瀝乾，加入食材A的皮蛋、調味料A拌勻，放置約20分鐘入味。
2. 中卷切成圈狀；乾干貝洗淨後泡水；中薑切末，備用。

烹調組合

3. 調味料B倒入鍋中，以中火煮滾後倒入作法1白米中，並加入瀝乾的干貝、薑末，轉中火煮滾後轉小火，邊煮邊攪拌45至50分鐘呈現濃稠狀。
4. 再加入調味料C拌勻，接著加入豆漿、中卷、蝦仁、蛤蜊肉，續煮3分鐘，關火待涼。

冷卻分裝

5. 香濃海鮮粥完全冷卻，再分裝成 4 袋，封口後放入冰箱冷凍保存。

TIPS

- ▹煮粥的米與水的比例大約 1：10，即白米 150g 搭配 1500g 水量（水量指水、高湯）。
- ▹粥底加入一些豆漿，可使粥品充滿濃郁香氣。
- ▹海鮮種類可依個人喜好適量添加，例如：牡蠣、吻仔魚、魚丸、蟹肉等。
- ▹作法 3 鍋中可加入去皮的南瓜塊一起熬煮，能讓粥品顏色更鮮豔。
- ▹調理包加熱後盛盤，可加入適量青蔥末、美生菜絲、油條一起食用，更能保留口感及香氣。
- ▹高湯可購買市售品或是自製海鮮高湯，配方和作法見下方。

海鮮高湯

材料

魚骨 1500g、乾干貝 30g、昆布 75g、洋蔥（去皮）600g、蒜苗 100g、老薑 30g、水 4000g、米酒 100g

作法

1. 魚骨放入滾水中，以中火汆燙約5分鐘，撈起後用冷水洗淨。
2. 乾干貝、昆布分別泡水至軟；洋蔥切塊；蒜苗切成5公分長段；老薑切片，備用。
3. 將4000g水倒入湯鍋，放入魚骨、干貝、昆布、洋蔥、蒜苗、老薑、米酒，以大火煮滾後轉小火，續煮1.5小時關火。
4. 撈除所有食材，再用細篩網過濾雜質即為高湯（大約1500至2000g），放涼後依需要量分裝，封口後冷凍，可保存30天。

TIPS

- ▹海鮮高湯適合做爲海鮮料理的湯底或調味。
- ▹魚骨可使用虱目魚、鱸魚等常見容易購買的新鮮魚類即可。
- ▹若使用壓力鍋提煉海鮮高湯，則上壓後約 25 分鐘即完成。
- ▹海鮮高湯可再加入 200g 新鮮蝦殼 200g、50g 小魚乾、200g 蛤蜊一起熬煮，能讓高湯更香濃。

輕食

夏威夷海鮮披薩

材料、作法見下一頁

加熱方法

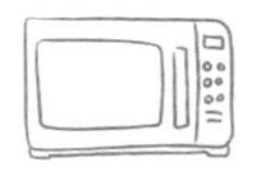
微波爐 OK

電鍋 NO

瓦斯爐 NO

▷ 詳細加熱說明見 P.17

調理包保存

▷ 每袋（500g±10%）可製作 4 袋

▷ 冷凍保存 30 天

材料 INGREDIENTS

披薩皮

材料	份量
高筋麵粉	250g
即溶乾酵母	3g
起司粉	13g
細砂糖	5g
鹽	3g
全蛋	25g
鮮奶	130g
水	30g
橄欖油	10g
義大利綜合香料	1.5g

食材 A

材料	份量
花枝	200g
蝦仁	350g
蟹肉棒	100g
小熱狗	100g
鳳梨片	200g

食材 B

材料	份量
番茄醬	150g
起司絲	400g

作法 STEP BY STEP

製作披薩皮

1 高筋麵粉、乾酵母、起司粉和細砂糖放入大容器中，混合拌勻。

2 再加入鹽、鮮奶、全蛋和水拌勻成團。

3 接著加入橄欖油、義大利綜合香料，混合成團。

4 繼續揉勻至光滑狀態，將麵團靜置發酵約30分鐘至原來的1.5倍大。

1

2-1

2-2

2-3

3-1

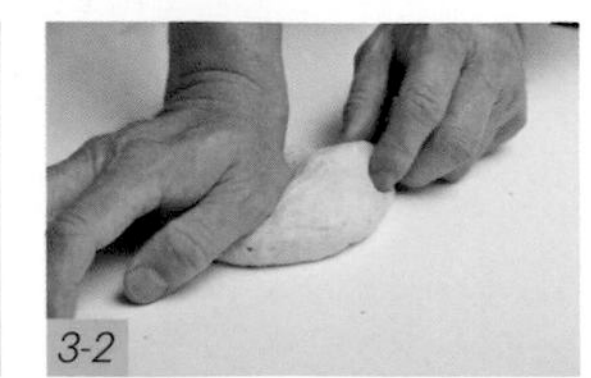
3-2

5 再分割成120g共4個，收口捏合後分別滾圓後發酵15分鐘。

6 稍微壓扁後擀成厚度0.3至0.5公分的圓形，用叉子在麵皮上均勻戳數個洞，即為披薩皮。

準備配料

7 花枝切丁；蟹肉棒、小熱狗切斜片，備用。

8 花枝丁與蝦仁放入滾水，以中火汆燙約3分鐘至熟，撈起後泡入冰塊水冰鎮，瀝乾水分備用。

組合烘烤

9 每片披薩皮表面均勻塗上一層番茄醬，再撒上適量起司絲，接著鋪上適量食材A，再鋪上適量起司絲，共完成4片鋪餡披薩。

10 鋪餡披薩排入烤盤，放入以210℃預熱好的烤箱中，烘烤15至20分鐘至起司絲上色，取出待涼。

冷卻分裝

11 夏威夷海鮮披薩完全冷卻，再分裝成4袋，封口後放入冰箱冷凍保存。

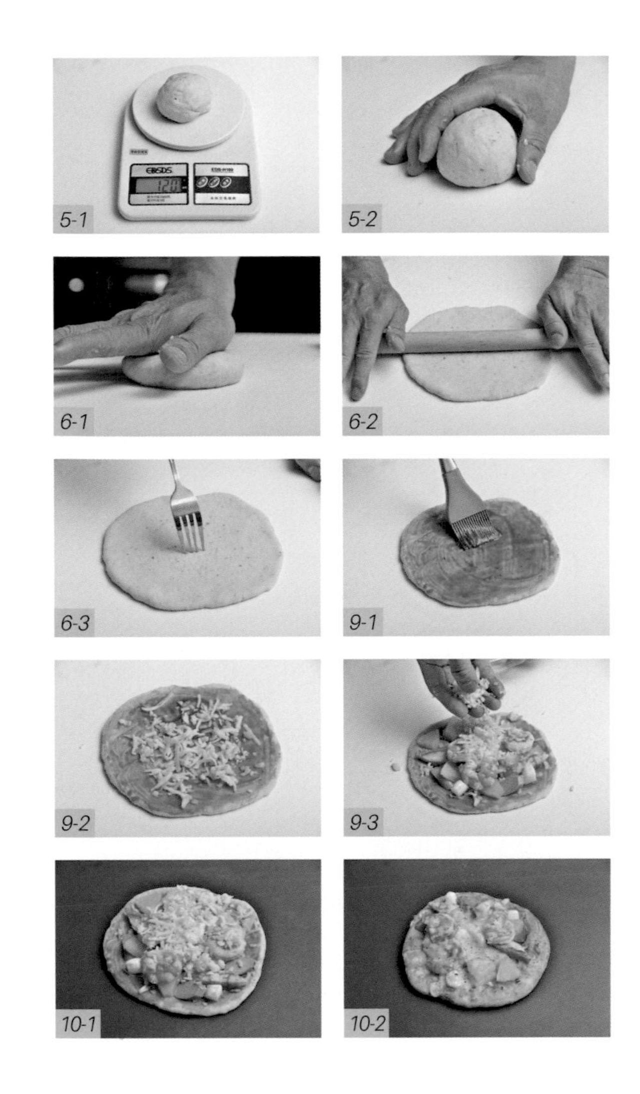
5-1 5-2 6-1 6-2 6-3 9-1 9-2 9-3 10-1 10-2

TIPS

- ▷ 生披薩皮厚度擀 0.3 至 0.5 公分爲佳，太薄或太厚皆不宜。
- ▷ 這款披薩的每片麵皮大約 120g、餡料 280g、起司絲 100g
- ▷ 麵皮因麵粉品牌不同，如果太硬，可加少許水或鮮奶增加柔軟性。
- ▷ 平時可多做些披薩皮，分別包裝後疊起來冷凍，隨時可鋪餡料烤，餡料可依個人喜好變化，添加起司絲、洋蔥絲、青椒、粗粒黑胡椒、巴西里、番茄片、青花菜，能增加繽紛顏色與配料的豐富性。

輕食

墨西哥雞肉捲

加熱方法

微波爐 OK

電鍋 OK

瓦斯爐 OK

▷ 詳細加熱說明見 P.17

調理包保存

▷ 每袋（270g±10%）可製作 4 袋

▷ 冷凍保存 30 天

材料 INGREDIENTS

食材 A

墨西哥餅皮	4 片（160g）
煙燻雞肉絲	200g
雙色起司絲	75g

食材 B

洋蔥（去皮）	300g
青椒	100g
黃甜椒	100g
紅甜椒	100g
新鮮巴西里	15g

調味料 A

玉米粉	100g
水	150g

調味料 B

橄欖油	50g
無鹽奶油	20g

調味料 C

鹽	15g
細砂糖	30g
匈牙利紅椒粉	5g
粗粒黑胡椒	10g
辣椒水	10g
檸檬汁	20g
醬油	20g
米酒	30g

作法 STEP BY STEP

前置準備

1 洋蔥、青椒、黃甜椒、紅甜椒切絲；巴西里切末，備用。

2 調味料A拌勻即成玉米粉水，後續勾芡使用。

烹調配料

3 橄欖油倒入鍋中加熱，以小火將洋蔥炒軟，再加入青椒、黃甜椒、紅甜椒炒香。

4 接著加入煙燻雞肉絲、奶油、調味料C，炒勻，再加入巴西里末，倒入玉米粉水勾芡煮滾，關火待涼。

包捲組合

5 墨西哥餅皮鋪於砧板，平均放上炒好的雞肉餡料和起司絲於餅皮，捲起成圓柱狀。

冷卻分裝

6 將雞肉捲分裝成 4 袋，封口後放入冰箱冷凍保存。

5-1

5-2

5-3

5-4

6

TIPS

- ▷ 用麵糊黏合，可避免肉餡和餅皮散開。
- ▷ 雞肉捲包入適量起司絲，加熱食用時口感更爲滑順。
- ▷ 市售墨西哥餅皮每張大約 40 至 45g。
- ▷ 雞肉捲加熱後盛盤，可搭配適量綜合生菜，富纖維質且口感更清爽。

輕食

塔塔鱈魚漢堡

調理包保存

- 每袋鱈魚漢堡（180g±10%）可製作 4 袋
  每袋塔塔醬（100g±10%）可製作 4 袋
- 鱈魚漢堡冷凍保存 30 天、塔塔醬冷藏 3 至 5 天

加熱方法

瓦斯爐 NO

▷ 詳細加熱說明見 P.17

材料 INGREDIENTS

食材 A

- 水煮蛋 …… 1個（50g）
- 酸黃瓜 …… 10g
- 洋蔥（去皮）…… 75g
- 新鮮巴西里 …… 5g
- 酸豆 …… 3g

食材 B

- 漢堡麵包 …… 280g（4個）
- 鱈魚片 …… 300g（4片）
- 起司片 …… 48g（4片）

食材 C

- 雞蛋 …… 150g（3顆）
- 中筋麵粉 …… 100g
- 麵包粉 …… 400g

醃料

- 鹽 …… 5g
- 細砂糖 …… 5g
- 米酒 …… 20g
- 香油 …… 20g
- 玉米粉 …… 30g
- 白胡椒粉 …… 3g

調味料 A

- 美乃滋 …… 250g
- 檸檬汁 …… 10g
- 細砂糖 …… 20g
- 黃芥末 …… 10g

調味料 B

- 橄欖油 …… 250g

作法 STEP BY STEP

前置準備

1. 水煮蛋、酸黃瓜切碎；洋蔥、巴西里切末，備用。
2. 所有食材A、調味料A放入容器中，拌勻即成塔塔醬。
3. 雞蛋去殼後打散，加入中筋麵粉拌勻成麵糊。
4. 鱈魚加入醃料拌勻，醃製15分鐘，再依序裹上一層麵糊、麵包粉備用。

烹調組合

5. 橄欖油倒入鍋中，中火加熱至180℃，放入鱈魚片，炸約5分鐘至金黃，取出瀝油，鱈魚片放涼備用。
6. 每個漢堡麵包夾入1片鱈魚、1片起司片，共可完成4個。

冷卻分裝

7. 鱈魚漢堡分裝成4袋，封口後冷凍保存；塔塔醬也分裝成4袋，封口後冷藏保存。

TIPS

▷ 新鮮巴西里可換成乾燥品約1g。

▷ 塔塔醬不宜冷凍，塔塔醬中的洋蔥碎必須擠乾水分再和其他材料拌勻，醬汁才不會釋出太多的水分。

▷ 鱈魚漢堡加熱後再淋上塔塔醬，可夾入適量生菜、番茄片、洋蔥，營養更均衡。

▷ 水煮蛋煮法有水煮法、電鍋蒸煮，可依方便性選擇。

a. 水煮法：將雞蛋放入深鍋中，加入蓋過雞蛋的冷水，蓋上鍋蓋後轉大火煮滾即關火，靜置12至15分鐘。
b. 電鍋蒸煮：將雞蛋放入電鍋內鍋，外鍋倒入0.5量米杯水，蓋上鍋蓋後蒸至開關跳起。

輕食

牛肉米漢堡

加熱方法

微波爐 OK

電鍋 OK

瓦斯爐 NO

▷ 詳細加熱說明見 P.17

調理包保存

- ▷ 每袋（280g±10%）可製作 4 袋
- ▷ 冷凍保存 30 天

材料 INGREDIENTS

食材 A

白飯 600g
起司粉 50g
牛絞肉 200g

食材 B

洋蔥（去皮） 150g
蒜頭（去皮） 20g
蘑菇 75g

調味料 A

玉米粉 100g
水 150g

調味料 B

醬油膏 50g
親子丼醬汁（P.183） 250g
橄欖油 100g
無鹽奶油 30g

TIPS

- 親子丼醬汁可換成一般醬油膏刷於米飯上，但親子丼醬汁更添日式風味。
- 刷上醬汁的米飯也能使用烤箱烘烤上色，放入 180°C預熱好的烤箱烤約 3 分鐘。
- 每個米漢堡加熱前，可鋪上適量起司絲，加熱後富濃郁的起司香味。

作法 STEP BY STEP

前置準備

1 白飯和起司粉拌勻，再填入直徑6至7公分的空心圓模，壓成每片約75至80g的圓形米飯，共8片。

2 洋蔥切絲；蒜頭切末；蘑菇切片；調味料A拌勻即成玉米粉水待後續勾芡，備用。

烹調組合

3 取50g橄欖油倒入平底鍋加熱，放入圓形米飯，以小火煎約3分鐘定型，均勻刷上醬油膏，煎至兩面呈淺咖啡色，盛出待涼。

4 將剩餘50g橄欖油倒入鍋中，轉中火炒香食材B，再放入牛絞肉炒熟。

5 接著加入親子丼醬汁、奶油煮滾，再倒入玉米粉水勾芡煮滾，關火待涼。

6 取1片煎好的米飯鋪於保鮮膜上，鋪上適量牛肉餡料，再蓋上1片煎好的米飯，稍微壓一壓，依此步驟完成另外3個牛肉米漢堡。

冷卻分裝

7 牛肉米漢堡完全冷卻，再分裝成 4 袋，封口後放入冰箱冷凍保存。

1

3-1

3-2

3-3

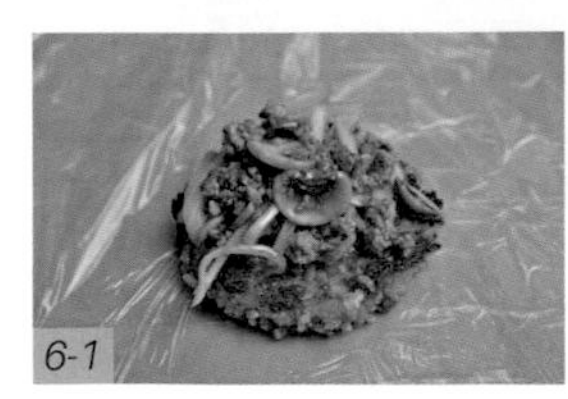
6-1

6-2

輕食

西西里雞肉披薩

加熱方法

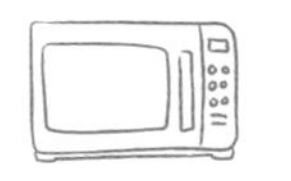

微波爐 OK

電鍋 NO

瓦斯爐 NO

▷ 詳細加熱說明見 P.17

調理包保存

- ▷ 每袋（480g±10%）可製作 4 袋
- ▷ 冷凍保存 30 天

材料 INGREDIENTS

食材 A

煙燻雞肉絲	400g
洋蔥（去皮）	300g
蘑菇	150g

食材 B

披薩皮（P.212）	4 片
番茄醬	150g
起司絲	400g

調味料 A

橄欖油	100g

調味料 B

鹽	10g
細砂糖	20g
黑胡椒粉	5g

作法 STEP BY STEP

前置準備

1 洋蔥切絲；蘑菇切片，備用。

2 橄欖油倒入鍋中加熱，以小火炒香洋蔥、蘑菇，再加入調味料B和煙燻雞肉絲，炒勻，盛起備用。

組合烘烤

3 每片披薩皮表面均勻塗上一層番茄醬，再撒上適量起司絲，接著鋪上適量炒好的餡料，再鋪上適量起司絲，共完成4片鋪餡披薩。

4 鋪餡披薩排入烤盤，放入以210℃預熱好的烤箱中，烘烤15至20分鐘至起司絲上色，取出待涼。

冷卻分裝

5 西西里雞肉披薩完全冷卻，再分裝成 4 袋，封口後放入冰箱冷凍保存。

TIPS

- ▷餡料中可加入培根、巴西里、酸黃瓜片、酸豆，增加披薩香氣。
- ▷這款披薩的每片麵皮大約 120g、餡料 260g、起司絲 100g

輕食

紅藜雞肉沙拉

加熱方法

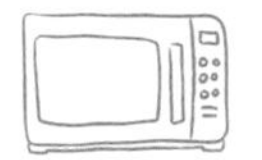

微波爐 NO　電鍋 NO　瓦斯爐 NO

▷ 完全退冰即可食用

調理包保存

▷ 每袋（180g±10%）可製作 4 袋

▷ 冷凍保存 30 天

材料 INGREDIENTS

食材

去骨雞胸肉 …… 600g

毛豆仁 …… 100g

蒸熟紅藜麥 …… 50g

醃料

鹽 …… 5g

白胡椒粉 …… 3g

匈牙利紅椒粉 …… 3g

米酒 …… 20g

香油 …… 20g

調味料 A

橄欖油 …… 100g

調味料 B

鹽 …… 10g

細砂糖 …… 15g

粗粒黑胡椒 …… 5g

香油 …… 10g

作法 STEP BY STEP

前置準備

1. 去骨雞胸肉和醃料拌勻，醃製 15 分鐘。
2. 毛豆仁放入滾水中，以中火汆燙3分鐘，撈起後瀝乾備用。

烹調組合

3. 橄欖油倒入鍋中加熱，放入醃好的雞胸肉，以小火煎雞胸肉正反面約5分鐘，蓋上鍋蓋，關火靜置5分鐘，取出後切丁。
4. 將調味料B放入容器中拌勻，加入所有食材A，混合均勻，放涼。

冷卻分裝

5. 紅藜雞肉沙拉完全冷卻，再分裝成 4 袋，封口後放入冰箱冷凍保存。

TIPS

▷ 雞胸肉煎好靜置 5 分鐘，可讓肉質更細嫩。

▷ 這道雞肉沙拉適合熱食或冷食，完全退冰後可直接食用。

▷ 調理包加熱後盛盤，可撒上適量酪梨丁、生菜和堅果碎，能增加香氣和飽足感。

▷ 醃好的雞胸肉可使用低溫烹調機加熱，以 62 至 68°C烹調 30 至 40 分鐘取出即可。

▷ 如果用不鏽鋼鍋煮雞胸肉，則雞胸肉放入滾水，以中火煮雞胸肉至滾，蓋上鍋蓋，關火保溫 10 分鐘，可使雞胸肉更有湯汁。

輕食

糖心蛋沙拉

調理包保存

▷ 每袋糖心蛋（150g±10%）可製作 4 袋
每袋塔塔醬（50g±10%）可製作 4 袋
▷ 糖心蛋和塔塔醬皆冷藏保存 3 至 5 天

加熱方法

微波爐 NO

電鍋 NO

瓦斯爐 NO

▷ 完全退冰即可食用

材料 INGREDIENTS

食材

雞蛋 …… 400g（8 顆）

調味料 A

鹽 …… 5g
白醋 …… 20g

調味料 B

味醂 …… 115g
醬油 …… 115g
柴魚醬油 …… 115g
水 …… 115g
冰糖 …… 90g

調味料 C

塔塔醬（P.217）…… 200g

作法 STEP BY STEP

前置準備

1 將雞蛋、調味料A放入鍋中，加入水淹過雞蛋，以中火煮約6分鐘，蓋上鍋蓋，關火後燜6分鐘。

2 調味料B倒入另一鍋中，以中火煮滾，關火待涼。

浸泡入味

3 取出作法1的雞蛋，冷卻後剝除外殼，再放入作法2醬汁中，冷藏浸泡1天即可。

冷卻分裝

4 糖心蛋分裝成 4 袋，封口後冷藏保存；塔塔醬也分裝成 4 袋，封口後冷藏保存。

TIPS

▷糖心蛋切半後盛盤，食用時搭配喜歡的綜合生菜，淋上塔塔醬或市售和風醬。

▷可用鴨蛋製作糖心蛋，口感更爲 Q 彈。

▷建議使用常溫蛋製作糖心蛋，因爲放置冷藏的蛋較不易脫殼；而煮蛋時加入鹽、白醋，能使蛋殼較好剝除。

▷煮蛋前先將雞蛋在手中搖晃數下，或是煮蛋時必須不停地順時鐘方向推動，讓蛋黃較容易定在中心點。

100道 常備調理包快速上桌

一包一餐 X 多樣組合 即食調理包，讓您隨時上菜、吃到美味又安心！

書　　名　100 道常備調理包快速上桌：一包一餐 X 多樣組合即食調理包，讓您隨時上菜、吃到美味又安心！
作　　者　許志滄
資深主編　葉菁燕
美編設計　ivy_design
攝　　影　周禎和

發 行 人　程安琪
總 編 輯　盧美娜
美術編輯　博威廣告
製作設計　國義傳播
發 行 部　侯莉莉
財 務 部　許麗娟
印　　務　許丁財
法律顧問　樸泰國際法律事務所許家華律師

藝文空間　三友藝文複合空間
地　　址　106 台北市大安區安和路二段 213 號 9 樓
電　　話　（02）2377-1163

出 版 者　橘子文化事業有限公司
總 代 理　三友圖書有限公司
地　　址　106 台北市安和路 2 段 213 號 9 樓
電　　話　（02）2377-1163、（02）2377-4155
傳　　真　（02）2377-1213、（02）2377-4355
E-mail　service@sanyau.com.tw
郵政劃撥　05844889　三友圖書有限公司

總 經 銷　大和書報圖書股份有限公司
地　　址　新北市新莊區五工五路 2 號
電　　話　（02）8990-2588
傳　　真　（02）2299-7900

初　　版　2022 年 09 月
定　　價　新臺幣 588 元
I S B N　978-986-364-193-3（平裝）

國家圖書館出版品預行編目(CIP)資料

100道常備調理包快速上桌：一包一餐X多樣組合即食調理包,讓您隨時上菜、吃到美味又安心!/許志滄作. -- 初版. -- 臺北市：橘子文化事業有限公司, 2022.09
面；　公分
ISBN 978-986-364-193-3(平裝)

1.食譜 2.調理包料理

427.1　　111011244

三友官網

三友 Line@

五味八珍的餐桌
品牌故事

60年前，傅培梅老師在電視上，示範著一道道的美食，引領著全台的家庭主婦們，第二天就能在自己家的餐桌上，端出能滿足全家人味蕾的一餐，可以說是那個時代，很多人對「家」的記憶，對自己「母親味道」的記憶。

程安琪老師，傳承了母親對烹飪教學的熱忱，年近70的她，仍然為滿足學生們對照顧家人胃口與讓小孩吃得好的心願，幾乎每天都忙於教學，跟大家分享她的烹飪心得與技巧。

安琪老師認為：烹飪技巧與味道，在烹飪上同樣重要，加上現代人生活忙碌，能花在廚房裡的時間不是很穩定與充分，為了能幫助每個人，都能在短時間端出同時具備美味與健康的食物，從2020年起，安琪老師開始投入研發冷凍食品。

也由於現在冷凍科技的發達，能將食物的營養、口感完全保存起來，而且在不用添加任何化學元素情況下，即可將食物保存長達一年，都不會有任何質變，「急速冷凍」可以說是最理想的食物保存方式。

在歷經兩年的時間裡，我們陸續推出了可以用來做菜，也可以簡單拌麵的「鮮拌醬料包」、同時也推出幾種「成菜」，解凍後簡單加熱就可以上桌食用。

我們也嘗試挑選一些孰悉的老店，跟老闆溝通理念，並跟他們一起將一些有特色的菜，製成冷凍食品，方便大家在家裡即可吃到「名店名菜」。

傳遞美味、選材惟好、注重健康，是我們進入食品產業的初心，也是我們的信念。

冷凍醬料調理包

香菇蕃茄紹子

歷經數小時小火慢熬蕃茄，搭配香菇、洋蔥、豬絞肉，最後拌炒獨家私房蘿蔔乾，堆疊出層層的香氣，讓每一口都衝擊著味蕾。

雪菜肉末

台菜不能少的雪裡紅拌炒豬絞肉，全雞熬煮的雞湯是精華更是秘訣所在，經典又道地的清爽口感，叫人嘗過後欲罷不能。

麻辣紹子

麻與辣的結合，香辣過癮又銷魂，採用頂級大紅袍花椒，搭配多種獨家秘製辣椒配方，雙重美味、一次滿足。

北方炸醬

堅持傳承好味道，鹹甜濃郁的醬香，口口紮實、色澤鮮亮、香氣十足，多種料理皆可加入拌炒，迴盪在舌尖上的味蕾，留香久久。

冷凍家常菜

一品金華雞湯

使用金華火腿（台灣）、豬骨、雞骨熬煮八小時打底的豐富膠質湯頭，再用豬腳、土雞燜燉 2 小時，並加入干貝提升料理的鮮甜與層次。

靠福・烤麩

一道素食者可食的家常菜，木耳號稱血管清道夫，花菇為菌中之王，綠竹筍含有豐富的纖維質。此菜為一道冷菜，亦可微溫食用。

3種快速解凍法

想吃熱騰騰的餐點，就是這麼簡單

1. 回鍋解凍法

將醬料倒入鍋中，用小火加熱至香氣溢出即可。

2. 熱水加熱法

將冷凍調理包放入熱水中，約 2 ～ 3 分鐘即可解凍。

3. 常溫解凍法

將冷凍調理包放入常溫水中，約 5 ～ 6 分鐘即可解凍。

程家大肉

紅燒獅子頭

頂級干貝 XO 醬